7日間で集中学習！

乙種4類 危険物取扱者 王道問題集

飯島晃良 著

Ohmsha

読者の方々へ

乙種第4類危険物取扱者は，ガソリン，灯油，潤滑油などの第4類の危険物を扱う際に有用な資格です。**第4類の危険物は，世の中で最も多く流通している**ために，製油所やガソリンスタンドはもちろん，工場，事業所，ビル，商業施設など実にさまざまな場所で必要な資格です。

乙種第4類危険物取扱者試験の合格率は**毎年30％台**で推移しています。合格率が高いとはいえない試験です。その理由として，乙種第4類危険物取扱者試験では，危険物の法令，物理・化学，危険物の性質と消火法など，幅広い範囲から出題されることと，それらの**幅広い問題をバランス良く正答**しなければならないためだと考えられます。

一般に，危険物取扱者試験は覚えることがたくさんあると思われがちです。しかしながら，**単なる暗記試験ではありません**。

この資格の主目的は，「危険物による火災などの災害を防止して安全な社会の形成に寄与する」ことだと考えられます。危険物災害を防止することが目的です。そうなると，危険物はどのように燃えるか，何をすると危険かなど，火災予防に関する基礎知識が問われることになります。つまり，一見すると暗記科目だと思われてしまう法令についても，科学的に根拠があってそのような法令になっているわけです。危険物の基本的な特性や基礎的な化学と物理にのっとって原理的に考えれば，丸暗記を最小限にして理解が進むはずです。

本書は，そのような観点から執筆をしています。単なる丸暗記ではなく，**理解して楽しく学んでいただける**ように心がけています。そして，以下のすべてを備え，**1冊で十分合格ラインを超える**ように企図して作成しました。

1．内容を理解しながら詳しく学べるテキスト（**動画解説付き！**）
2．合格ラインスピード突破のための**スピードテスト**
3．十分な質と量の**実践問題**
4．**ダウンロード特典①**　試験直前で使える**直前チェック！ 総まとめ**
5．**ダウンロード特典②**　**模擬試験（2回分）**

1～3の取組で，おおむね合格ラインを超えられるように書きました。さらに，4，5を活用することで，着実に理解度を深めて試験に臨んでもらえると思います。

短期集中で1週間（毎日1章）！　じっくり1か月！　使い方は自由です。まずは，**本書1冊をすべて読んで勉強**をしてみてください。合格ラインが見えてくるはずです。

本書が，乙種第4類危険物取扱者試験を受験される方のお役に立つことを願っております。

2023年5月

御茶ノ水にて
飯島晃良

目　次

本書の使い方

ここでは，本書の構成を説明します。

各項目に秘められた「真意」がわかれば，効率的に学習を進めることができます。乙種4類危険物試験合格の第一歩として，まずは本書の使い方を理解しましょう！

1　重要 Point

最重要 Point!

- ☑ 物質量（モル数）1 mol とは，6.02×10^{23} 個の粒子（原子や分子）の集まり
- ☑ 原子量は，その原子 1 mol 当たりの質量〔g〕に等しい
- ☑ 分子量は，分子を構成するすべての原子の原子量を足したものであり，その分子 1 mol 当たりの質量〔g〕に等しい
- ☑ 空気の分子量は約 29 g/mol である。第4類危険物の分子量は全て空気の分子量よりも大きいため，蒸気比重は1を超え，全て空気中に沈む

「**最重要 Point**」は，各節の最初にあります。

試験直前にここを読み返すのもいいよ！

最初はわからなくても OK。これを**頭の片隅に置きながら**本文を読むと，内容の理解が進みます。各節の学習が終わった後に再度読むと，効果抜群！

2　本　文

本文は，**合格に必要な内容**に絞っています。

1. 燃焼の仕方

蒸発燃焼

太文字は，重要項目です。

液体や固体から**蒸発**（または**昇華**）した**可燃蒸気が空気と混合して燃焼**する形態を**蒸発燃焼**といいます。

重要 **ニトロセルロース，セルロイドも分解燃焼**ですが，これらは内部に含まれる酸素を用いて燃焼するので，**内部（自己）燃焼**といいます。

色文字は，最重要項目です。

- ・**ガソリン，アルコール，灯油**などの**第4類**の危険物の燃焼。
- ・**ナフタリン，硫黄**など固体が昇華して可燃性蒸気を作って燃焼に属します（**昇華燃焼とはいいません！**）。

「**重要**」の内容を**しっかり理解**すれば，暗記する事項がぐっと減るよ！

まずは，ひととおり本文を読んでみましょう。全部理解できなくても，大丈夫。「**例題**」「**スピードテスト**」や「**実践問題**」を解きながら学習を進めていくことで，**小手先ではない知識と応用力**が身に付きます。

3 例　題

●例題 2 ガソリン 2 L の質量が 1464 g である。このガソリンの密度はいくらか。

解答

密度$\rho = \dfrac{\text{質量}m}{\text{体積}V} = \dfrac{1464}{2000} = 0.732\,\text{g/cm}^3$ です。

水の密度は $1\,\text{g/cm}^3$ なので，ガソリンは水よりも軽くて水に浮きます。

本文の合間あいまに，「**例題**」として典型的な計算問題などを挿入しています。

「**例題**」が解ければ，あとは応用するだけ！

4 合格力育成スピードテスト

「スピードテスト」は学習のキモです。

これだけ！で合格ライン突破！

合格力養成 スピードテスト

①	固体が液体になることを［A］，その逆を［B］という。
②	液体が気体になることを［A］，その逆を［B］という。
③	固体から直接気体になることを［　］という。
④	［○・×］水が水蒸気になる際，熱が放出される。
⑤	［○・×］外気の圧力（外圧）が高いほど，より低い温度で沸騰する
⑥	［○・×］液体の蒸気圧が外圧より低くなると，沸騰が起こる。
⑦	［○・×］温度が上昇すると，液体の蒸気圧は低くなる。
⑧	［○・×］不揮発性物質が溶け込むと，液体の沸点が低下する。

解答

① A：融解，B：凝固
② A：蒸発，B：凝縮
③ 昇華
④ ×　液体が熱をもらって気体になるので，吸熱です。
⑤ ×　外圧が高いほど，より高い温度でないと沸騰しません。
⑥ ×　蒸気圧が外圧以上になると沸騰が起こります。
⑦ ×　温度が高いほど，蒸気圧が高くなります。外気圧と蒸気圧が等しくなったときの液温が沸点ですので，外気圧が高いほど沸点が高くなることを考えるとイメージしやすいと思います。

間違えたら，本文に戻って再学習！

「**合格力育成スピードテスト**」は本文の最後にあり，各節の「**絶対に理解してほしいこと**」をマルバツや穴埋め形式の問題にしています。このテストに挑戦し，重点知識を理解・定着させましょう。試験前日に見直せば，さらに合格率アップが望めます。

5　実践問題

各節の最後に，「**実践問題**」として，実試験に近い形の問題を掲載しています。

実践問題に

問題 1 圧力 2 気圧で 18 L の理想気体をある容器に入れかえたところ，容器内の圧力が 6 気圧になった。その際，温度は変化していない。この容器の容積はいくらか。

(1) 1 L　(2) 3 L　(3) 6 L　(4) 9 L　(5) 12 L

解答 (3)　$PV=mRT$ において，mRT が一定なので，$PV=$ 一定である。$P_1V_1=P_2V_2$ なので，$V_2=V_1(P_1/P_2)=18\times(2/6)=6$ L です。

学習の進め方をまとめると，
❶「最重要 point」を眺める⇒❷本文をひととおり読み進める⇒❸「スピードテスト」を解く⇒❹間違えたら，その項目だけ本文で再学習⇒❺全部正解なら「実践問題」にチャレンジ
です。さらに，試験直前に「スピードテスト」で知識を再チェック！

Special

本書で学習いただいた方々に向けて，特典として飯島先生の「**解説動画**」を **YouTube** にアップしています！

受験者がつまずきやすい箇所をわかりやすく解説していますので，ぜひ観てください。

各章最初の左下にある QR コードを読んでね！

さらに，本書を購入して学習していただいた方々に向けて，特典として実試験に限りなく近い形式の「**模擬試験問題（2 回分）**」と，試験直前に更なる合格率アップを図る「**直前チェック！　総まとめ**」を用意しています。
詳しくは，学習を進めていただいたうえで，最後の章の末尾を参照ください。

第1章

基礎的な物理学

1章の動画はここから！

1-1 共通の予備知識

最重要Point!

- 物質量（モル数）1 mol とは，6.02×10^{23} 個の粒子（原子や分子）の集まり
- 原子量は，その原子 1 mol 当たりの質量〔g〕に等しい
- 分子量は，分子を構成するすべての原子の原子量を足したものであり，その分子 1 mol 当たりの質量〔g〕に等しい
- 空気の分子量は約 29 g/mol である。第４類危険物の分子量は全て空気の分子量よりも大きいため，蒸気比重は 1 を超え，全て空気中に沈む

1. 物質量（モル数）

原子や分子は非常に小さいため，ある数をひとまとめにして計量します。その際に用いるのが物質量（モル数）〔mol〕です。1 mol とは，6.02×10^{23} 個の粒子（原子や分子）の集まりを指します。この数値を**アボガドロ定数** N_a と呼びます。

アボガドロ定数　$N_a = 6.02 \times 10^{23}$ 個 /mol

2. アボガドロの法則

「すべての気体は，同じ温度，同じ圧力であれば，同じ容積の中に同じ数の分子を含む」という法則を**アボガドロの法則**と呼びます。

例えば，同じ圧力と温度で，酸素 O_2 を入れた容積 1 L の容器と，二酸化炭素 CO_2 を入れた容積 1 L の容器があるとします。このとき，容器の中に入っている O_2 と CO_2 の個数は等しくなります。

具体的には，次の関係が成り立ちます。「すべての気体は，**1 mol**，**標準状態**（**0℃，1 気圧**）において **22.4 L の容積**を占める」。

ここで，1 気圧とは，標準大気圧 1 atm のことで，101.3 kPa（1013 hPa）です。

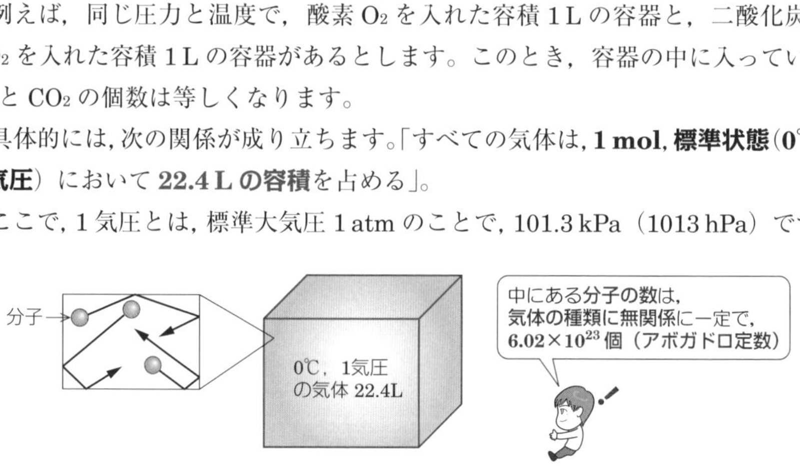

アボガドロの法則

もちろん，0℃，1気圧でない場合，1 mol の気体が占める容積は 22.4 L ではなくなります。さまざまな温度，圧力におけるモル数と容積の関係は，理想気体の状態方程式 $pV=nR_0T$ に従います。詳しくは **1-4 節**で述べます。

3. 原子量と分子量

原子量

原子 1 個の質量は非常に小さいため, 通常は 1 mol 集めた際の質量で表します。例えば, 原子番号 12 の炭素 C の質量は, 1 mol 集めて 12 グラム (12 g/mol) です。炭素の原子量を 12 とし，それとの相対値で示した質量を原子量といいます。

原子量は，原子 1 mol（6.02×10^{23} 個）当たりの質量〔g〕に等しくなります。

【例】酸素原子 O → 原子量 16 → 16 g/mol
（酸素原子を 1 mol 集めると 16 g）

分子量

分子を構成する原子の原子量をすべて足し合わせたものを**分子量**と呼びます。分子量も，1 mol（$=6.02\times10^{23}$ 個）当たりの質量〔g〕に等しくなります。

例えば, 酸素分子 O_2 の分子量は, 原子量 16 の O が二つなので, $16\times2=32$ です。つまり，酸素分子 O_2 を 1 mol 集めると 32 g になり，単位を付けると 32 g/mol と書けます。このように，質量の単位を付けて○○ g/mol と書いた場合，「**モル質量**または**分子質量**」と呼びます（数値は分子量と同じで，単位を付けるか付けないかの違いです）。

【例】二酸化炭素 CO_2 → 炭素の原子量12＋酸素の原子量16×2個
＝分子量
44　→ 44 g/mol（1 mol 集めると 44 g）

● 例題 1　空気の平均分子量を求めよ。空気の組成は，窒素 N_2 80 %，酸素 O_2 20 % と近似できる。このとき，空気の平均分子量を求めよ。なお，原子量は N＝14，O＝16 である。

解答

N_2 の分子量は $14\times2=28$，O_2 の分子量は $16\times2=32$ なので，空気の平均分子量＝$28\times0.8+32\times0.2=28.8\fallingdotseq29$ になります。つまり，空気を 1 mol（6.02×10^{23} 個）集めると約 29 g になります。**空気よりも分子量が大きい気体は空気に沈みます。第 4 類の危険物の分子量はすべて空気より大きいので，空気に沈み，底部に滞留します。**

●例題２　ヘキサン（C_6H_{14}）の分子量はいくらか。

解答　原子量は C が 12，H が 1 なので，以下のようになります。
6×12＋14×1＝86 g/mol
つまり，ヘキサンの蒸気は空気に沈みます。

4. 密度と比重

密度 ρ：単位は〔g/cm^3〕，〔kg/L〕，〔kg/m^3〕など

単位体積 V（例えば「$1\,cm^3$」）当たりの質量 m（例えば「g」）を密度といいます。

$$密度\ \rho = \frac{質量\ m}{体積\ V}\ 〔g/cm^3〕$$

●例題３　水 1 L の質量は 1 kg である。密度はいくらか。

解答　m＝1 kg＝1000 g，V＝1 L＝1000 cm^3 なので，

$$密度\ \rho = \frac{質量\ m}{体積\ V} = \frac{1000}{1000} = 1.0\ g/cm^3$$ です。

1 L 当たりでは 1000 g なので，1 g/cm^3 ＝1 kg/L と同じです。

●例題４　ガソリン 2 L の質量が 1464 g である。このガソリンの密度はいくらか。

解答

$$密度\ \rho = \frac{質量\ m}{体積\ V} = \frac{1464}{2000} = 0.732\ g/cm^3$$ です。

水の密度は 1 g/cm^3 なので，ガソリンは水よりも軽くて水に浮きます。

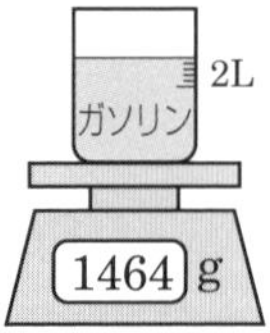

容器の重さは含まない

比重 γ：単位はありません。

着目している物質の密度を，基準となる物質（液体の場合は**水**，気体の場合は**空気**）の密度で割ったものを**比重**といいます。比重は，物質が基準物質よりもどの程度重いか，あるいは軽いかを表します。

❶ **液体の場合**：4℃の水の密度[※1] 1.0 g/cm^3 が基準になります。

$$液体比重\ \gamma_{liquid} = \frac{液体の密度}{4℃の水の密度} = \frac{液体の密度}{1.0}\ [-]$$

※1　水は，4℃のときに密度 ρ が最大になり，このときが $\rho = 1.0\ g/cm^3$ です。

この式からわかるように，そもそも水の密度が1.0 g/cm^{3}なので，液体の密度と比重の数値は同じになります。水に溶けない物質であれば，次のことがいえます。

重要　**液体比重が 1.0 を超える ⇒ 水に沈む**
液体比重が 1.0 未満　⇒ 水に浮く

❷ **気体（燃料蒸気など）の場合**：0℃，1 気圧での空気の密度 1.293 g/L が基準になります。

$$蒸気比重\ \gamma_{\mathrm{vapor}}=\frac{蒸気の密度〔g/L〕}{0℃，1\ 気圧での空気の密度〔g/L〕}=\frac{蒸気の密度}{1.293}\ [-]$$

アボガドロの法則によると，同じ温度と圧力であれば，同じ体積中に含まれる分子の数は同じになります。つまり，密度の比と分子量の比が同じになります。よって，蒸気比重は次式でも算出できます。

$$蒸気比重\ \gamma_{\mathrm{vapor}}=\frac{蒸気の密度}{1.293}=\frac{蒸気の分子量}{空気の分子量}=\frac{蒸気の分子量}{29}\ [-]$$

空気の分子量は，**約 29** です（実践問題 1 参照）。つまり，**分子量が 29 を超える気体**は蒸気比重が 1 を超え，**空気中に沈む**ことになります。

重要　**液体と気体の比重**

第 4 類の多くは，**液体比重が 1 より小さい** ⇒ 水に浮くものが多い
第 4 類の**蒸気比重**は **1 より大きい ⇒ 空気に沈む（底部に滞留する）**

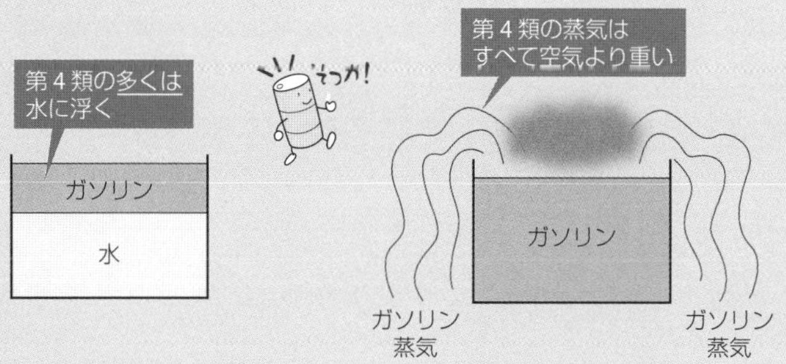

液体比重が 1 より小さい　　**蒸気比重が 1 より大きい**

これだけ！で合格ライン突破！

合格力養成 スピードテスト

①	［○・×］1 mol とは，6.02×10^{23} 個の粒子の集まりである。
②	［○・×］同じ温度，同じ圧力において，同じ容積を占める気体分子の数は，気体の分子量が小さいほど多くなる。
③	［○・×］0℃，1気圧において，44.8 L の容積の容器中に窒素 N_2 が満たされている。このとき，容器内に入っている窒素の数は 1 mol に等しい。
④	C の原子量を 12，H の原子量を 1 としたとき，ベンゼン C_6H_6 の分子量は［A］である．空気の分子量を 29 とすると，ベンゼンの蒸気比重は［B］である。つまり，ベンゼンの蒸気は空気中に［C：沈む or 浮く］。
⑤	0℃，1気圧において，酸素 O_2 が 10 mol あるとき，酸素の占める容積は［A］〔L〕，質量は［B］〔g〕である．

解答

① ○　この 6.02×10^{23} をアボガドロ数といいます。

② ×　同じ温度，圧力，容積内を占める分子の数は，分子の種類によらずに一定です。つまり，分子量が異なっても同じ数になります（アボガドロの法則）。

③ ×　0℃，1気圧では 1 mol の気体が 22.4 L を占めますので，44.8 L の容積中には 2 mol の N_2 が入っています。

④ A：分子量 $=\underbrace{(12\times6)}_{C_6}+\underbrace{(1\times6)}_{H_6}=78$

B：蒸気比重 $=78\div29\fallingdotseq2.7$（空気の 2.7 倍の密度を持つ）

C：沈む

⑤ A：0℃，1気圧では，1 mol で 22.4 L なので，10 mol では 224 L です。

B：酸素の分子量は 32 g/mol なので，10 mol では 320 g です。

実践問題に Challenge!

問題1 空気の成分が体積割合で窒素 80%，酸素 20%とみなせるとき，空気のみかけの分子量（平均分子量）として正しいものはどれか。ただし，原子量は N＝14，O＝16 である。

(1) 14.4　(2) 18.8　(3) 28.8　(4) 32.2　(5) 44.2

解答 (3)　窒素 N_2 の分子量は $14\times2=28$，酸素 O_2 の分子量は $16\times2=32$

です。よって，分子量28の窒素N_2が80%，分子量32の酸素O_2が20%混合しているため，空気の分子量$=28\times0.8+32\times0.2=28.8$となります。

問題2 次の気体の中で最も蒸気比重が大きいものはどれか。ただし，それぞれの原子の原子量は$H=1$，$C=12$，$O=16$とする。

(1) 二酸化炭素CO_2

(2) メタンCH_4

(3) 酸素O_2

(4) 水素H_2

(5) エタンC_2H_6

解答 (1)　各分子を構成する原子の原子量を足し合わせて，一番大きいものを探せばそれが正解です。それぞれの分子量を求めます。

(1) CO_2：$(1\times12)+(2\times16)=44$ g/mol

(2) CH_4：$(1\times12)+(4\times1)=18$ g/mol

(3) O_2　：$2\times16=32$ g/mol

(4) H_2　：$2\times1=2$ g/mol

(5) C_2H_6：$(2\times12)+(6\times1)=30$ g/mol

よって，(1)のCO_2の分子量が最も大きく，したがって蒸気比重もCO_2が最も大きいです。

なお，分子量が空気の分子量（約29）よりも小さいメタンCH_4，水素H_2は空気に浮きます。

1-2 物質の状態変化

最重要Point!

- ☑ 固体・液体・気体間の状態変化の名称を覚えよう
- ☑ 状態変化時に「吸熱」が起こるのか「放熱」が起こるのかを理解しよう
- ☑ 飽和蒸気圧と外気圧が等しくなったとき，沸騰が起こる
- ☑ 液体に不揮発性物質を溶かすと沸点が上昇する（沸点上昇）

1. 物質の三態

物質には，固体，液体，気体の三つの形態があります。これを**物質の三態**と呼びます。

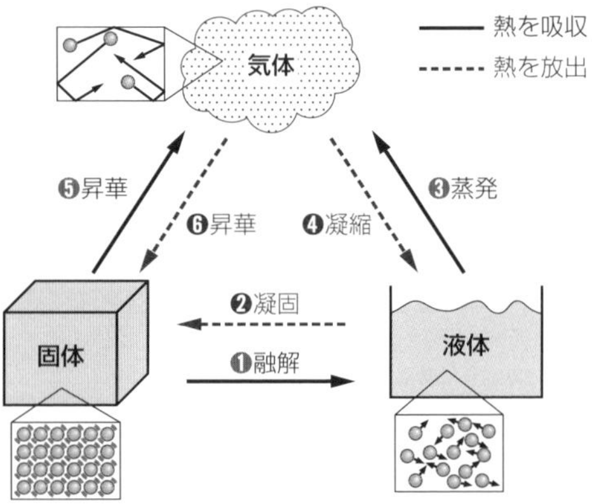

物質の三態

各形態間の変化（相変化）の名称とその際にやり取りされる熱を次に示します。

❶ 固体 ⇒ 液体：**融解**（融解熱を奪う：熱を吸収）

❷ 液体 ⇒ 固体：**凝固**（凝固熱を放出：熱を放出）

❸ 液体 ⇒ 気体：**蒸発**（蒸発熱を奪う：熱を吸収）[※1]

❹ 気体 ⇒ 液体：**凝縮**（凝縮熱を放出：熱を放出）[※1]

❺ 固体 ⇒ 気体：**昇華**（昇華熱を奪う：熱を吸収）[※2]

❻ 気体 ⇒ 固体：**昇華**（昇華熱を放出：熱を放出）[※2]

※1　蒸発を気化，凝縮を液化と呼ぶこともあります。

※2　固体から気体あるいはその逆に直接変化することを，ともに「**昇華**」といいます。例えば，ドライアイス，衣料品の防虫剤に用いるナフタレンなどは，常圧において昇華をして固体から直接気体になります。

固体→液体→気体の順に，分子が活発に運動している状態になります。これは，外部からエネルギー（熱）をもらった結果，運動が活発になっているのです。つまり，固体→液体→気体の方向に状態変化をする際には熱を吸収します。逆に，気体→液体→固体の方向に状態変化をする際には熱を放出します。

2. 水の状態図

圧力と温度に応じて，物質がどのような状態にあるかを示した線図を**状態図**と呼びます。以下に，水の状態図を模式的に示します。

圧力と温度の組合せに応じて，固体，液体，気体の領域に分かれます。

固体と液体の境界で「❶融解⇔❹凝固」が起こります。液体と気体の境界で「❷蒸発⇔❸凝縮」が起こります。そして，固体と気体の境界で「昇華」が起こります。

三重点

点Oは，固体，液体，気体の三つの状態が平衡状態にある点であり，これを**三重点**と呼びます。水の場合，三重点は温度 0.0075℃，圧力 610.3 Pa にあります。三重点 O よりも低い圧力で物質を加熱すると，昇華曲線を境に固体から直接気体になる（昇華する）ことを意味します。

臨界点

右側の図の点 C を**臨界点**と呼びます。水の場合，臨界点での温度（臨界温度）と圧力（臨界圧力）は，374℃，22.08 MPa です。例えば右側の図において，1 気圧（1 atm）で水を加熱すると，融解曲線との交点（融点）において融解して液体になります。さらに過熱すると，蒸気圧曲線との交点（沸点）で蒸発して気体になります。

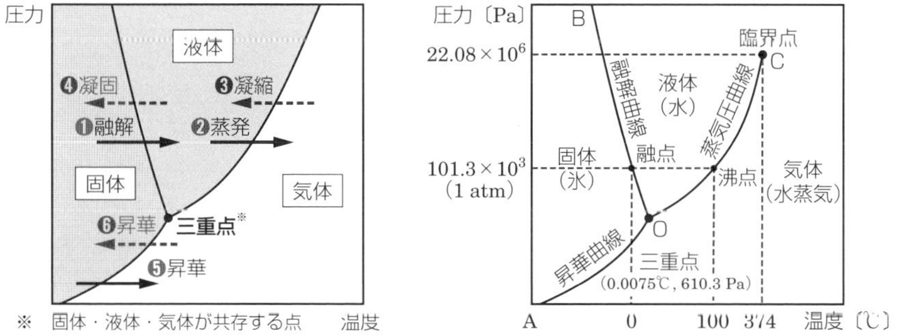

水の状態図

しかし，臨界圧力以上になると，液体と気体の区別がつかなくなります。

3. 潜熱と顕熱

物質の温度変化に使われる熱のことを**顕熱**《けんねつ》といいます。一方で，物質の温度変化に使われない熱のことを**潜熱**《せんねつ》といいます。例えば，1気圧のもとで水を加熱すると，温度が上昇します（顕熱）。しかし，100℃になると沸騰し，それ以降加熱しても，蒸発しきるまで100℃一定を保ちます（潜熱）。

【例】水を加熱すると温度が上がる ⇒ **顕熱**
【例】水が沸騰後は，加熱しても100℃一定 ⇒ **潜熱**（**蒸発熱**）

4. 飽和蒸気圧と沸点

沸騰と沸点

沸騰：加熱により，液体の表面からだけでなく内部から気泡を生じて激しく蒸発する現象のことです。

沸点：沸騰が始まる温度のことです。通常は，周囲圧力が1気圧のときの沸点を指します（水なら約100℃）。

飽和蒸気圧と沸騰

沸騰は，蒸気の圧力（蒸気圧）が外気圧よりも高いために生じます。つまり，外気圧が高いほど，より高温でないと沸騰が起こりません。逆に，外気圧が低ければ，より低温でも沸騰が始まります。

【例】気圧の低い富士山頂では約88℃で水の沸騰が起こる。

沸騰する際の圧力を飽和蒸気圧といいます。液体の飽和蒸気圧の一例として，水の飽和蒸気圧曲線を次図に示します。1気圧においては，水は100℃で沸騰します。0.7気圧程度では，水は90℃で飽和することがわかります。

重要 **沸点**とは，その液体の**飽和蒸気圧**が**外気圧**に等しくなるときの液温のことをいいます。

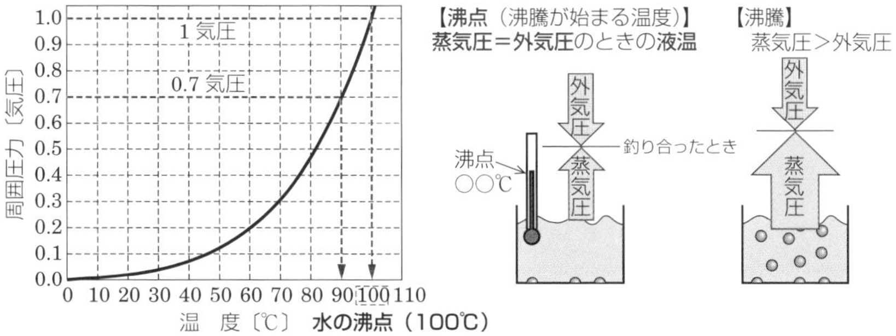

水の飽和蒸気圧曲線

凝固点降下と沸点上昇

「**液体に物質を溶かした際に凝固点が低下する現象**」を**凝固点降下**といいます。例えば，水に**炭酸ナトリウム**，塩化ナトリウム，塩化カルシウムなどを溶かすと凝固点が降下し凍りにくくなります（塩化ナトリウムや塩化カルシウムは冬期に道路にまく凍結防止剤として用いられます）。

「**液体に不揮発性の物質を溶かすと，沸点が上昇すること**」を**沸点上昇**といいます。例えば，1気圧において水は100℃で沸騰しますが，食塩（塩化ナトリウム NaCl），炭酸ナトリウムなどを溶かすと沸点が上昇します。

5. 消火剤としての水の特性

住宅などの火災の消火に用いられる**消火剤は水**です。水は，次のような特徴を有するため，消火剤として優れた特性をもっています。

❶ **比熱，熱容量が大きい**：水の比熱は約 4.2 J/(g·K) です。つまり，1 g の水の温度を 1 K（1℃）上昇させるには 4.2 J の熱が必要です。ちなみに，鉄鋼の比熱は 0.46 J/(g·K) 程度です。よって，水は高い冷却効果を発揮します。

❷ **蒸発熱が大きい**：水の蒸発熱は 2256.7 J/g です。蒸発熱とは，沸点に達した単位質量（1 g や 1 kg）の液体が，完全に蒸発するまでに必要な熱量のことです。蒸発熱による冷却効果があるため，優れた消火能力を示します。

❸ **蒸発で膨張する**：1気圧のもとで沸点に達した水が完全に蒸発すると約 1600 倍に膨張します。膨張により，可燃物と空気との混合を防ぐため消炎効果があります（**窒息効果**といいます）。

❹ **その他**：安価，容易に大量に入手可能，取扱いが安全，無害などの特徴があります。

> **重要**　**水は優れた消火剤ですが，ガソリンなどの第４類（引火性液体）の消火には使用できません。**引火性液体の多くは水に不溶でかつ水に浮くため，水をまくと火炎が水面上を移動し，かえって延焼が拡大するおそれがあります。

これだけ！で合格ライン突破！　合格力養成 **スピード** テスト

①	固体が液体になることを［A］，その逆を［B］という。
②	液体が気体になることを［A］，その逆を［B］という。
③	固体から直接気体になることを［　］という。
④	［○・×］水が水蒸気になる際，熱が放出される。
⑤	［○・×］外気の圧力（外圧）が高いほどより低い温度で沸騰する。
⑥	［○・×］液体の蒸気圧が外圧より低くなると，沸騰が起こる。
⑦	［○・×］温度が上昇すると，液体の蒸気圧は低くなる。
⑧	［○・×］不揮発性物質が溶け込むと，液体の沸点が低下する。

解答

① A：融解，B：凝固
② A：蒸発，B：凝縮
③ 昇華
④ ×　液体が熱をもらって気体になるので，吸熱です。
⑤ ×　外圧が高いほど，より高い温度でないと沸騰しません。
⑥ ×　蒸気圧が外圧以上になると沸騰が起こります。
⑦ ×　温度が高いほど，蒸気圧が高くなります。外気圧と蒸気圧が等しくなったときの液温が沸点ですので，外気圧が高いほど沸点が高くなることを考えるとイメージしやすいと思います。
⑧ ×　沸点は上昇します。これを沸点上昇と呼びます。

実践問題に

Challenge!

問題1 物質の状態変化に関する説明で，正しいものはどれか。

(1) 固体が液体になることを液化と呼び，熱が吸収される。
(2) 気体が液体になることを蒸発と呼び，熱が吸収される。
(3) 液体が固体になることを凝固と呼び，熱が放出される。
(4) 液体が気体になることを昇華と呼び，熱が吸収される。
(5) 固体が，液体を経由せず直接液体になる現象を，蒸発と呼ぶ。

解答 (3)　(1)は融解，(2)は凝縮で熱を放出，(4)は蒸発，(5)は昇華です。

問題2 水の性質に関して，誤っているものはどれか。

(1) 水は比熱と蒸発熱が大きいため冷却能力が高く，消火剤に用いられる。
(2) 圧力が高くなると，水が沸騰を始める温度が低下する。
(3) 水は4℃で密度が最大になり，容積が最小になる。
(4) 水を電気分解すると，酸素と水素を生じる。
(5) アルコールなどの水溶性の危険物に水を溶かすと，引火点が上昇する。

解答 (2)　外圧が高いほど，より高い温度でないと沸騰しません。

問題3 水の性質に関して，正しいものはどれか。

(1) 食塩を溶解すると，沸騰しやすくなる。
(2) 塩化カルシウムを混ぜると，凍結しやすくなる。
(3) 界面活性剤を混ぜると，表面張力が低下する。
(4) 温度が低いほど，しょ糖の溶解度が大きくなる。
(5) 炭酸水素ナトリウムを溶解すると，沸点が低下する。

解答 (3)　界面活性剤は，表面張力を低下させます。それ以外の記述は全て誤りです。

問題4 沸騰について，正しいものはどれか。

(1) 外圧が高くなるほど，沸点が低下する。

(2) 液体の飽和蒸気圧が外圧と等しくなったとき，沸騰が起こる。

(3) 不揮発性の物質が溶けると，沸点は低下する。

(4) 1気圧のもとでは，すべての液体は100℃で沸騰する。

(5) 引火性液体（第4類）の沸点はすべて100℃以下である。また，沸点が高いほど，火災の危険度が増す。

解答 (2)　飽和蒸気圧が外圧と等しくなると沸騰が起こります。(1) は沸点が上昇します。(3) は沸点が上昇します（沸点上昇）。(4) は水は1気圧において100℃で沸騰しますが，物質が異なれば沸点も異なります。(5) の引火性液体には，アルコールのように沸点が100℃未満のものもありますが，沸点が100℃以上のものが多いです。

問題5 下の図は，水の状態図である。図中のA～Cに当てはまる語句の組合せとして，正しいものはどれか。

	(A)	(B)	(C)
(1)	固体	液体	気体
(2)	液体	気体	固体
(3)	気体	固体	液体
(4)	固体	気体	液体
(5)	液体	固体	気体

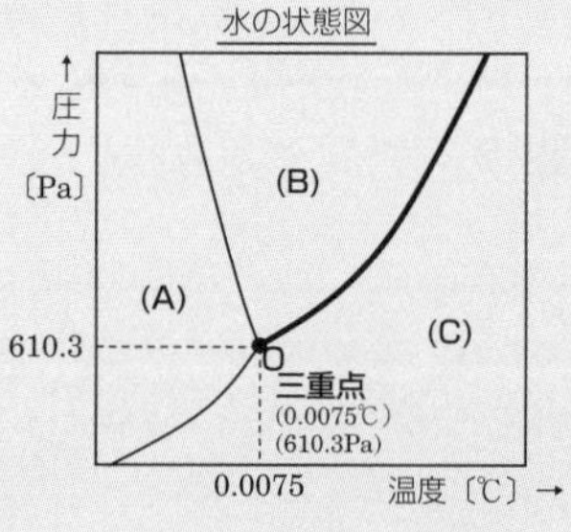

解答 (1)　例えば大気圧（101.3×10^3 Pa）など，水の三重点（610.3 Pa）よりも高い圧力一定のもとで水を温めると，右図の矢印のように状態が変化します。この場合，氷(固体)→水(液体)→水蒸気(気体)の順に状態変化をすることをイメージすると理解しやすいでしょう。

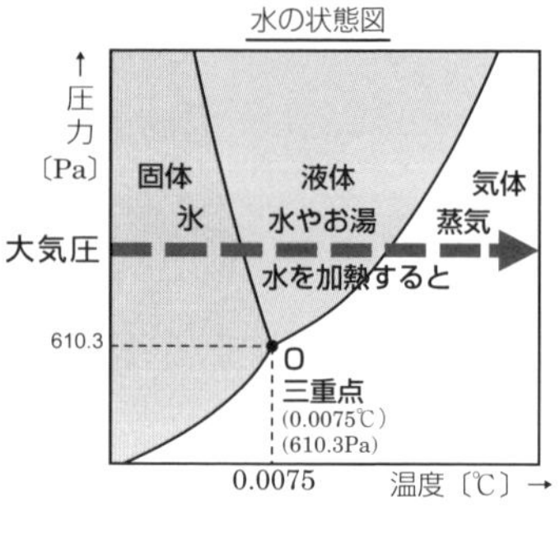

1-3 熱とエネルギー

最重要 Point!

- ☑ 絶対温度 T〔K〕とセ氏温度 t〔℃〕の関係は，$T=t+273$
- ☑ 熱量 Q，質量 m，比熱 c，温度変化 ΔT の関係は $Q=mc\Delta T$
- ☑ 熱容量 C と比熱 c の関係は $C=mc$
- ☑ 比熱の意味と熱容量との違いを理解しておこう

1. 絶対温度 T：単位は〔K〕

私たちが普段使う温度単位はセ氏温度 t〔℃〕です。これは，水の凝固点を 0℃，水の沸点を 100℃としてその間を 100 等分した温度目盛りです。そのため，水の凝固点より低い温度のときには，数値がマイナスになります。低温側には，理論的な下限値があります。絶対温度 T は，この温度を“0”としたものです。目盛間隔は，セ氏温度と同じです。つまり，セ氏温度 t と絶対温度 T の関係は，次式となります。

$$T〔\mathrm{K}〕= t〔℃〕+ 273$$

例えば，理想気体の状態方程式 $PV=nR_0T$ など，熱力学計算をする際に用いる温度は，絶対温度 T〔K〕です。セ氏温度を用いると正しい数値が導かれません。

例題 1　−196℃の液体窒素は何 K か。

解答 
$T=t+273=-196+273=77\,\mathrm{K}$

2. 比熱 c：単位は〔J/(g·K)〕

単位質量（1 g や 1 kg）の物質の温度を 1K（1℃と同じ）上昇させるのに必要な熱量のことを比熱といいます。1 K と 1℃の目盛間隔は同じなので，単位は J/(g·K) でも J/(g·℃) でも同じになります。例えば，水の比熱は約 4.2 J/(g·K)，アルミニウムの比熱は約 0.9 J/(g·K) です。水 1 kg の温度を 1℃上昇させるのには 4.2 kJ 必要で，アルミニウム 1 kg の温度を 1℃上昇させるのには 0.9 kJ が必要です。また，比熱が大きいということは，熱しても温度が上昇しにくいことを意味します。これは，多量の熱を蓄積できるともいえます。水は，身近に多量に手に入るうえ，比熱も大きく，冷却剤や消火剤として優れた特性を持っています。

> 比熱が大きい ⇒ 加熱しても昇温しにくい（熱しにくく冷めにくい）
> 比熱が小さい ⇒ 加熱により昇温しやすい（熱しやすく冷めやすい）

3. 熱容量 C：単位は〔J/K〕

着目している物質全体の温度を1K（＝℃）上昇させるのに必要な熱量のことを熱容量といいます。比熱 c〔J/(g·K)〕の物質が質量 m〔g〕あったとき，熱容量 C〔J/K〕は，次の式で表されます。

$$C = mc$$

●例題2　100L（100kg）の水の比熱と熱容量はいくらか。

解答

比熱 $c = 4.2$ J/(g・K)（比熱は1g当たりなので，質量に無関係です）
熱容量 $C = mc = 100 \times 10^3 \times 4.2 = 420 \times 10^3$ J/K＝420kJ/K
（水100Lに420kJの熱を加えると，温度が1℃上昇します）

4. 熱量 Q：単位は〔J〕

物体を加熱すると，温度が上昇します。固体や液体に対して，熱量 Q，質量 m，比熱 c，温度変化量 ΔT の関係は次の式で表されます。

$$Q = mc\Delta T$$

●例題3　20℃の水1Lを，90℃のお湯にするのに必要な熱量はいくらか。

解答

水1Lは1000gなので，
$Q = mc\Delta T = 1000 \times 4.2 \times (90 - 20) = 294 \times 10^3$ J＝294kJです。

これだけ！で合格ライン突破！　合格力養成 スピード テスト

①	単位質量の物質の温度を 1 K 上昇させるのに必要な熱量を［　］という。
②	物体の温度を 1 K 上昇させるのに必要な熱量を［　］という。
③	比熱 c, 質量 m の物質の温度を ΔT だけ上昇させるのに要する熱量 Q は Q =［　］
④	比熱 4 J/(g·K) の液体 100 g の温度を 50℃上昇させるのに必要な熱量は［A］kJ である。また，この液体の熱容量は［B］〔J/K〕である。
⑤	熱容量 C と，質量 m，比熱 c の関係式は C =［　］である。

解答

① 比熱

② 熱容量

③ $Q=mc\Delta T$ です。この関係式は覚えましょう。

④ A：$Q=mc\Delta T=100\times4\times50=20000$ J $=20$ kJ

B：熱容量 $C=mc=100\times4=400$ J/K です。

⑤ $C=mc$

実践問題に Challenge！

問題1 質量 m，比熱 c の物質の熱容量 C を表す式はどれか。

(1) $C=mc$　(2) $C=mc^2$　(3) $C=m/c$

(4) $C=c/m$　(5) $C=m^2/(2c)$

解答 (1)　比熱 c，熱容量 C，質量 m の関係は，$C=mc$ です。

問題2 比熱が 3.0 J/(g·K) の液体 200 g の温度を，10℃から 20℃まで上昇させるのに必要な熱量は次のうちどれか。

(1) 60 J　(2) 6 kJ　(3) 13 kJ　(4) 18 kJ　(5) 176 kJ

解答 (2)　$Q=mc\Delta T=200\times3.0\times(20-10)=6000$ J $=6$ kJ です。

1-4 気体の状態変化

最重要 Point!

- ボイルの法則とシャルルの法則を理解しよう（$PV=nR_0T$ から導ける）
- シャルルの法則の文章表現を知っておこう

1. 理想気体の状態方程式

P：圧力〔Pa〕，V：容積〔m^3〕，T：絶対温度〔K〕，n：モル数〔mol〕，R_0：一般気体定数（約 8.314 J/(mol・K)＝一定）としたとき，理想気体には次の関係が成り立ちます。

$$PV=nR_0T$$

理想気体の法則には，ボイルの法則とシャルルの法則がありますが，これは，理想気体の状態方程式を知っていれば，次のように導くことができます。

2. 温度 T 一定のとき：ボイルの法則

$PV=nR_0T$ において，T と n と R_0 が一定なので，$PV=$ 一定になります。

$PV=$ 定数です。　　式を変形すると $V=\dfrac{\text{定数}}{P}$

これを**ボイルの法則**といい，『**温度一定のとき，一定質量の気体の体積は圧力に反比例する**』と表現されます。圧力 P–体積 V 線図を描くと，次ページの左図のようになります。

●例題 1　5 気圧で 30 L の理想気体をある容積の容器に入れたところ，圧力が 15 気圧になった。容器の容積は何〔L〕か。ただし，温度は変化していないものとする。

解答　ボイルの法則「$PV=$ 一定」の関係が成り立つので，以下のようになります。

$$P_1V_1=P_2V_2 \quad \Rightarrow \quad V_2=V_1\frac{P_1}{P_2}=30\times\frac{5}{15}=10\ \text{L}$$

3. 圧力 P 一定のとき：シャルルの法則

$PV=nR_0T$ において，P と n と R_0 が一定なので，$\dfrac{V}{T}$ は一定です。

状態が 1 から 2 に変化した場合，$\dfrac{V_1}{T_1}=\dfrac{V_2}{T_2}$ となります。

$T_1=0$℃（273K）とすると，V_1 は 0℃のときの容積です。その場合，温度 T_2 のときの容積 V_2 は次のようになります。

$$\frac{V_1}{273}=\frac{V_2}{T_2}\quad\Rightarrow\quad V_2 = T_2\frac{V_1}{273}$$

上式のように，シャルルの法則は次のような表現ができます。

重要　シャルルの法則の文章表現

『圧力一定の場合，一定質量の気体の体積は，温度 1℃（1 K）上昇（または低下）することに，0℃のときの体積の 273 分の 1 ずつ膨張（または収縮）する』。

この文言が試験で問われることがありますので，知っておくとよいでしょう。特に，**273 分の 1** の数値を覚えておくとよいでしょう。

シャルルの法則を容積 V と温度 T の図に描くと，次の右図のようになります。

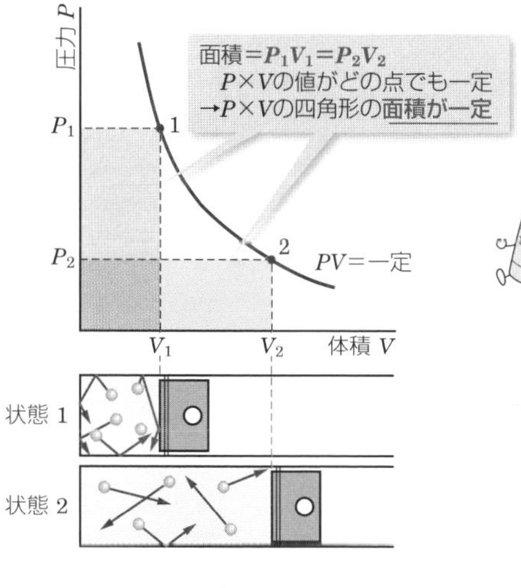

▲ ボイルの法則

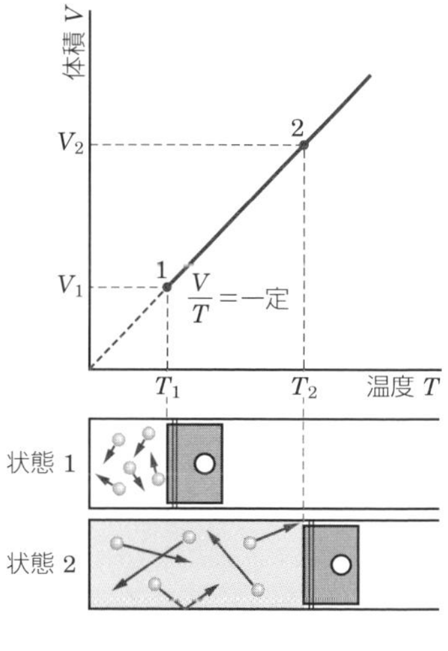

▲ シャルルの法則

4. ダルトンの分圧の法則：混合気体

2種類以上の分子が混合した気体を**混合気体**といいます。例えば，空気は窒素 N_2，酸素 O_2，その他の微量成分が混合した混合気体です。

混合気体**全体の圧力**を**全圧**といい，混合気体の中の**各成分のもつ圧力**を**分圧**といいます。全圧と分圧には以下の**ダルトンの分圧の法則**が成り立ちます。

> ダルトンの法則：混合気体の**全圧**は，各気体成分の**分圧の和**に等しい。

例えば空気は，容積割合で約80%の窒素 N_2 と約20%の酸素 O_2 の混合気体とみなせます。アボガドロの法則により，同一温度・同一圧力であれば，気体の種類によらず同じ体積中に同じ数の分子を含みます。つまり，**容積割合＝個数割合**になります。つまり，空気には**個数割合で窒素80%，酸素20%**（4：1）を含みます。

次の図のように，体積 V の容器の中に，1気圧の空気が入っているとします。今，何らかの方法で**酸素のみを取り除く**と，**圧力は0.8気圧**になります。これが，**窒素の分圧**です。同じように，**窒素のみを取り除く**と，**圧力は0.2気圧**になります。これが，**酸素の分圧**です。窒素と酸素の分圧を足せば，**全圧は1気圧**になります。

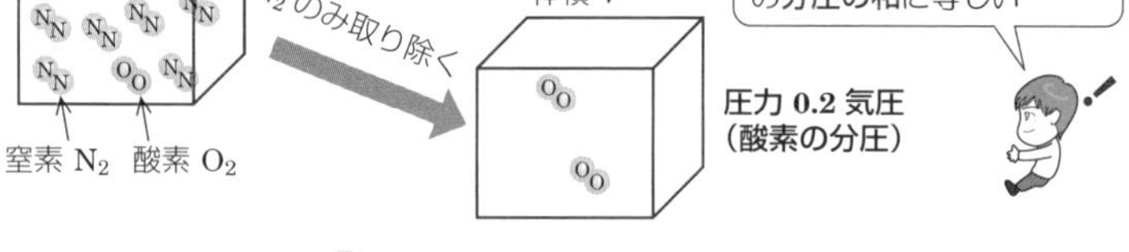

ダルトンの（分圧の）法則

以上のように，混合気体の圧力は，**各気体成分が単独で存在するときの圧力（分圧）の足し合わせで表現できます**。

具体的な問題を解いてみましょう。

● 例題 1　温度一定で，容積 20 L のボンベに，50 気圧の窒素 4 L と，30 気圧の酸素 60 L を入れたとき，ボンベ内の全圧は何気圧になるか。なお，ボンベの容積は変化しない。

解答

ダルトンの法則により，各気体成分が単独で入った場合の圧力（分圧）をそれぞれ求めて，それらを足し合わせればよいので，次のようになります。温度は一定で，PV＝一定の関係が成り立つので，

窒素の分圧：$P_1V_1=P_2V_2$　　$P_2=P_1\dfrac{V_1}{V_2}=50\times\dfrac{4}{20}=10$ 気圧です。

酸素の分圧：$P_1V_1=P_2V_2$　　$P_2=P_1\dfrac{V_1}{V_2}=30\times\dfrac{60}{20}=90$ 気圧です。

ボンベ内の全圧：P＝窒素の分圧＋酸素の分圧＝$10+90$＝**100 気圧（答）**

です。

これだけ！で合格ライン突破！　　合格力養成 スピードテスト

①	［○・×］温度一定で気体に圧力をかけると体積が大きくなる。
②	［○・×］一定圧力のもとで気体の温度を上昇させると体積が大きくなる。
③	圧力一定下において一定質量の気体の体積は，温度が 1℃上昇するごとに 0℃のときの体積の［　］だけ膨張する。
④	［○・×］混合気体の全圧は，混合気体を構成する気体各成分の分圧の積に等しい。

解答

① ×　小さくなります。

② ○

③ 273 分の 1

④ ×　混合気体の全圧は，混合気体を構成する気体各成分の分圧を足し合わせたものです。つまり，分圧の和に等しいです。

実践問題に  Challenge!

問題1 次の文の［　］内に当てはまる数値はどれか。

「圧力が一定のとき，一定量の理想気体の容積は，温度が1℃上昇するに従って，0℃のときの容積の［　］ずつ増加する。」

(1) 237分の1

(2) 256分の1

(3) 273分の1

(4) 337分の1

(5) 373分の1

解答(3)　シャルルの法則で学んだように，0℃の容積 V_1，温度 T_1(＝0℃＝273K)に対して，変化後の容積 V_2 は $V_2 = T_2 \dfrac{V_1}{T_1} = T_2 \dfrac{1}{273}$ となります。

273分の1という数値は絶対温度とセ氏温度の関係からきています。この数値を覚えておきましょう。

問題2 圧力2気圧で18Lの理想気体をある容器に入れかえたところ，容器内の圧力が6気圧になった。その際，温度は変化していない。この容器の容積はいくらか。

(1) 1L　(2) 3L　(3) 6L　(4) 9L　(5) 12L

解答(3)　$PV = mRT$ において，mRT が一定なので，$PV =$ 一定である。$P_1V_1 = P_2V_2$ なので，$V_2 = V_1(P_1/P_2) = 18 \times (2/6) = 6$ L です。

1-5 熱の移動と熱膨張

最重要 Point!

- ☑ 伝熱の三形態（熱伝導・対流・放射）の具体例を知っておこう
- ☑ 熱伝導率が高いほど，熱を伝えやすい
- ☑ 金属は，水，アルコールなどに比べて熱伝導率が高い
- ☑ 一般に，熱伝導率は，固体＞液体＞気体の順に低下する
- ☑ 液体や固体の熱膨張の計算をできるようにしよう

1. 伝熱の三形態

熱の移動形態は，下図のように**熱伝導**，**対流**，**放射**の三形態に大別されます。

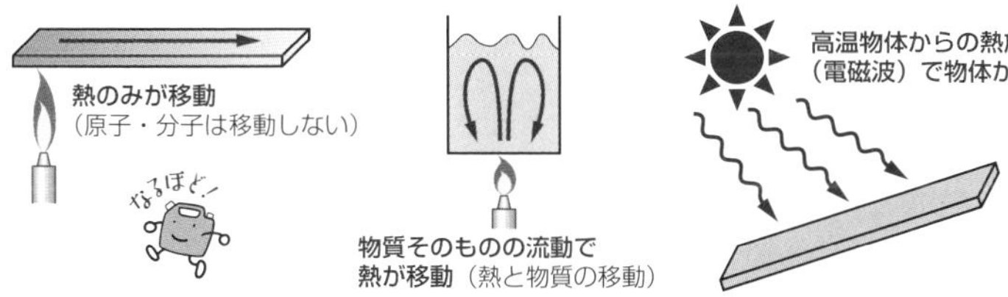

伝熱の三形態の例

伝導（熱伝導）

固体の内部の熱移動のように，**原子や分子が移動しない状態で，その運動（熱）のみが次々と周りの原子や分子に伝わる現象を熱の伝導（熱伝導）**といいます。

【例】フライパンで調理をしていると，やがて取っ手の部分にも熱が伝わってきます。

熱伝導の特徴は次のとおりです。

❶ 熱の伝えやすさの指標に，**熱伝導率**があります。**熱伝導率が大きいほど，熱を伝えやすい**物質です。

❷ 一般に，**固体→液体→気体の順に熱伝導率が低下**します（熱を伝えにくくなります）。

❸ 一般に，**金属は非金属に比べて熱伝導率が大きい**です。

対流

流体の流動によって熱が移動する現象を対流伝熱といいます。

重要

対流では，**原子や分子自体が移動**します。

ファンなどで強制的に流れを起こすだけでなく，流体の場合，温度の変化によっても自然に対流が発生します。例えば，流体の中に熱源があると，熱源付近で暖められた流体が膨張して密度が低下（比重が低下）します。その結果，暖められた流体が上方に移動します。このようにして，対流が起こります（**自然対流**）。

【例】ガスコンロの側面に手をかざしてもあまり熱くありませんが，火炎の上部に手をかざすと熱く感じます。これは，自然対流で高温なガスが上方に移動しているためです。

熱放射（熱ふく射）

高温な物体が放つ放射熱（電磁波）により，他の物体に**熱が移動する現象を熱放射**といいます。

【例】太陽から降り注ぐ熱や高温物体に近づくと，対流を受けていない（熱風が来ていない）のに温かく感じる。白熱電球の近くにいると熱く感じる，などです。

2. 熱膨張

気体を温めると，理想気体の状態方程式に従って膨張します。一方で，固体や液体も，加熱をするとわずかに熱膨張をします。右図のように，元の容積を V_0〔L〕，膨張後の容積を V〔L〕とすると，膨張量は（$V-V_0$）です。この物質の体膨張率を α とすると，液体や固体の熱膨張は，以下のとおり計算できます。

熱膨張量（$V-V_0$）＝体膨張率 α ×初期容積 V_0×温度変化量 ΔT

熱膨張後の容積 $V=V_0+\alpha V_0 \Delta T=V_0(1+\alpha \Delta T)$

これだけ！で合格ライン突破！　合格力養成 スピードテスト

①	[○・×] ろうそくの炎の上部に手をかざすと熱く感じるのは，主に熱放射によるものである。
②	[○・×] お風呂を沸かす際，水面に近い上部の温度が高くなりやすいのは熱伝導のためである。
③	[○・×] 白熱電球に近づくと温かく感じるのは熱放射のためである。
④	[○・×] 気体・液体・固体の順に熱伝導率が小さくなる傾向がある。
⑤	体膨張率 1.35×10^{-3}〔K^{-1}〕のガソリン 200 L（ドラム缶 1 本分）が 10℃から 50℃まで温められた場合，熱膨張により［A］〔L〕膨張し，総容積は［B］〔L〕になる。

解答

① ×　主にろうそくの炎でつくられた対流によるものです。

② ×　暖かいものほど上昇しやすいです。これは，対流によるものです。

③ ○

④ ×　逆です。気体，液体，固体の順に熱伝導率が大きくなります。

⑤ A：10.8，B：210.8

$V=V_0+\alpha V_0\Delta T=200+1.35\times10^{-3}\times200\times(50-10)=200+10.8=210.8$

よって，A：10.8 L 膨張し，総容積は B：210.8 L になります。

実践問題に Challenge!

問題１ 熱の移動の仕方には，伝導，対流，放射の３種類がある。次のうち，伝導によるものはいくつあるか。

A：石油ストーブを使用したら，部屋の床面付近に比べて天井近くの室温が高くなった。

B：衣類にアイロンをかけたら，衣類及びアイロン台が高温になった。

C：直射日光にあたり，身体の表面が温まった。

D：金属製の手すりにつかまったら，手が冷たくなった。

(1) 1つ　(2) 2つ　(3) 3つ　(4) 4つ　(5) 0（なし）

解答 (2)　BとDが熱の伝導によるものです。Aは対流によるもの，Cは放射によるものです。

問題２ 危険物を容器内に保存する際，容器には空間容積を確保する必要がある。その理由として最も適切なものはどれか。

(1) 持ち運びをしやすいように軽くするため。

(2) 危険物を混ざりやすくするため。

(3) 容器の体膨張による容器破損を防ぐため。

(4) 危険物の温度上昇を防ぐため。

(5) 危険物の体膨張による容器破損を防ぐため。

解答 (5)　危険物容器内に空間容積を持たせなかった場合，温度上昇で危険物に体膨張が起こり，容器が破損する恐れがあります。

問題３ 内容積1000Lのタンクが，液温20℃のガソリンで満たされている。液温が40℃まで上昇したとき，タンクから流出するガソリンの容積は何〔L〕か。ただし，ガソリンの体膨張率は1.35×10^{-3} K^{-1}とし，ガソリンの蒸発や容器の変形は無視できるものとする。

(1) 7L　(2) 10L　(3) 14L　(4) 21L　(5) 27L

解答 (5)　体膨張による膨張量（$V - V_0$）が全てあふれて流出するので，次のようになります。

$$(V - V_0) = \alpha V \Delta T = 1.35 \times 10^{-3} \times 1000 \times (40 - 20) = 27\,\mathrm{L}$$

1-6 静電気

最重要 Point!

- ☑ 摩擦，撹拌，高速流動などによって静電気が発生する
- ☑ 電気絶縁性が高い装備（タンク，ホース，服装など）で作業をすると，発生した静電気が逃げにくいため危険
- ☑ ガソリン，ベンゼン，灯油その他第４類の危険物の多くは電気を通しにくいため，高速流動や撹拌などにより静電気が発生しやすい

1. 静電気とその防止法

絶縁された二物体を接触し，離した際，**一方が**（＋），**他方が**（－）に**帯電**する現象を**静電気**といいます。

物質が，正（＋）に帯電しやすいのか，負（－）に帯電しやすいのかを並べたものを帯電列といい，次の図のようになります。

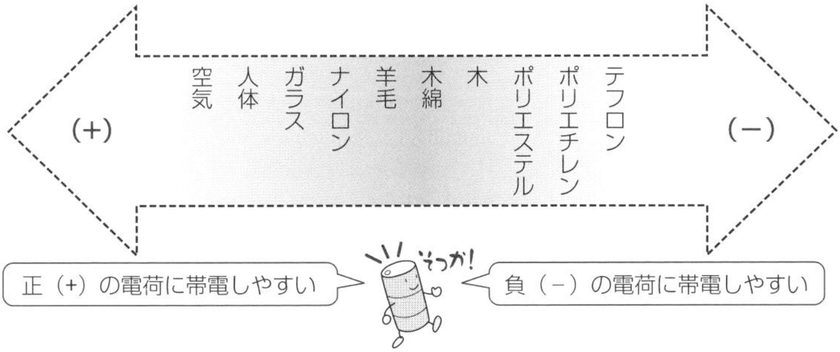

帯電列

帯電列においてお互いに離れている物質同士のほうが，より多くの静電気が発生します。また，対象物を激しくこすり合わせたり，撹拌したり，高速で流動させるなど，**摩擦が大きいほど静電気が発生しやすくなります**。

例えばガソリンなどの**第４類**の危険物の**多くは電気を通しにくく**，流動などによって**静電気が発生**します（水溶性の物品に比べて，非水溶性の物品のほうが電気を通しにくく，静電気が蓄積しやすい）。そのため，取扱い作業時には危険物を**高速で流動させるのを避ける**，**静電気が蓄積しないように接地**（**アース**）**を施す**などの注意が必要です。

静電気の放電による火花で，可燃性混合気に引火し，火災の危険性があります。

静電気事故を防ぐには，次の考え方が大切です。

重要

❶ **静電気を発生させない**：激しい**摩擦**や**撹拌**などを避ける

❷ **静電気を蓄積させない**：**容器**，**工具**，**装備**などには**導電性**（電気を通しやすい）ものを使い，静電気を速やかに逃がす

上記の❶と❷を守ることが，静電気による火災予防の基本です。具体例は

❶ 絶縁物同士を激しくこすり合わせない（激しい**摩擦**，**撹拌**，**高速流動**など）。

❷ **導電性材料**を使う（**タンク**，**ホース**など）。
→**金属容器**を用い，容器を**地面に接地**して扱う。地面への散水も有効。

❸ **容器**，**機器**，**人体**などは**接地**（**アース**）を行い，発生した静電気を有効に逃がす（絶縁してはいけない）。

❹ **湿度を高く**する（一般に，湿度70％以上にすると静電気が蓄積されにくい）。

❺ 危険物を流す流速を制限する（**高速での流動を避ける**）。

❻ 帯電防止の服や靴を着用する（ナイロン，アクリル，ポリエステルなどの**合成繊維**は，木綿などの天然繊維に比べて**静電気を蓄積しやすい**）。

❼ 室内の空気を**イオン化**する。

❽ 十分な緩和時間を確保する（静電気は徐々に減少するので，急いで作業をすると危険性が高くなる）。

重要　**試験で問われやすい！　覚えておこう**

❶ 静電気による放電によって，可燃性蒸気への点火源になる（火災誘発の危険性がある）

❷ 静電気が帯電したことで，物質の温度が上昇することはない

❸ 静電気が帯電したことで，電気分解などの化学反応を起こすことはない

❹ 粉体や粉じんも，撹拌などにより静電気が発生する

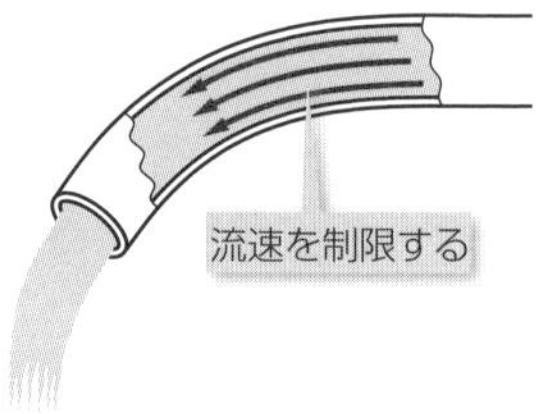

危険物の流速制限

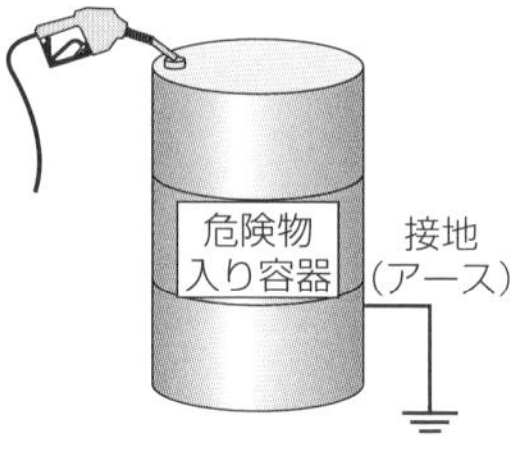

容器の接地（アース）

これだけ！で合格ライン突破！

合格力養成 スピードテスト

①	［○・×］金属性の危険物貯蔵容器にガソリンを注入する場合，衝撃および静電気による火花放電を防ぐために，金属容器の下にゴム製のマットを敷くとよい。
②	［○・×］電気の不導体ほど，静電気を蓄積しにくい。
③	［○・×］静電気による引火防止のため，容器や機器類を絶縁するとよい。
④	［○・×］接地（アース）は，静電気の除去に有効である。
⑤	［○・×］帯電を防ぐため，綿製品よりも合成繊維製衣類を着用したほうがよい。
⑥	［○・×］危険物を容器に入れる際，帯電防止のため流速を上げ，なるべく短時間で行う。
⑦	［○・×］静電気による放電は，エネルギーが低いので可燃性混合気の着火源にはならない。
⑧	［○・×］静電気が帯電すると，物質の温度が上昇する。
⑨	［○・×］静電気が帯電すると，物質が電気分解を起こす。
⑩	［○・×］メタノールは，ベンゼンよりも静電気を蓄積しやすい。
⑪	［○・×］湿度を高くすると静電気が帯電しにくくなる。

解答

① ×　容器が地面と絶縁されるので，静電気が蓄積しやすくなり，危険です。容器はアースをしたほうが良いです。

② ×　電気の不導体のほうが静電気を蓄積しやすいです。

③ ×　静電気が逃げにくくなり危険度が高くなります。

④ ○　静電気を逃がすため有効です。

⑤ ×　綿よりも石油製品の合成繊維のほうが，静電気を蓄積しやすいです。

⑥ ×　流速を上げると，帯電しやすくなります。さらに，短時間で作業すると，帯電した電気が逃げにくいので，より危険です。

⑦ ×　静電気の放電によって可燃性混合気に点火されて火災を起こす危険性があります。

⑧ ×　帯電をしても温度は上昇しません。

⑨ ×　帯電をしても電気分解などの化学反応は起こりません。

⑩ ×　メタノール，エタノール，アセトンなどの水溶性の引火性液体は，ベンゼン，ガソリンなどの非水溶性の物品に比べると電気を通しやすく静電気が蓄積しにくいです。

⑪ ○

実践問題に Challenge!

問題1 静電気について，誤っているものはどれか。

(1) 静電気による火花放電によって，可燃性蒸気が引火することがある。

(2) ガソリンがホースの中を高速で流れているとき，静電気が生じやすい。

(3) 静電気は，人体にも帯電する。

(4) 使用する器具などに電気絶縁性の高い材質のものを用いることで，静電気の蓄積を防ぐことができる。

(5) 引火性液体には摩擦や流動などで静電気を蓄積しやすいものが多い。

解答 (4)　作業を行う器具類が絶縁されていると，発生した静電気が逃げずに蓄積されます。

問題2 静電気による引火を防止する方法として，適切でないものはいくつあるか。

A：危険物を容器に詰める際は，静電気事故のリスクを低くするため，なるべく流速を上げ，短時間で詰替えを行う。

B：人体への帯電を防ぐために，絶縁性の高い靴を履くとよい。

C：取り扱う室内の湿度がある程度高いほうが静電気による火災が起きにくい。

D：引火点の低いガソリンなどの危険物の貯蔵容器は，静電気の蓄積を防ぐためポリエチレン製の物を用いるとよい。

E：一般に，合成繊維製の衣服は綿製の衣服に比べて帯電しやすい。

(1) 1つ　(2) 2つ　(3) 3つ　(4) 4つ　(5) 5つ

解答 (3)　A，B，Dの3つが適切ではない説明です。

(A) 流速を上げると静電気が生じやすい，(B) 絶縁靴を履くと，静電気が体から逃げず，火花放電をしやすくなる，(D) ポリエチレン製容器は電気を通さないため，静電気が蓄積しやすいです。

第2章

基礎的な化学

2章の動画はここから！

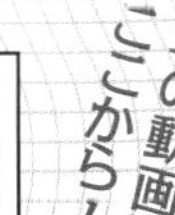

2-1 物質の種類と変化

最重要 Point!

- 単体・化合物・混合物の見分け方を理解しよう
- 単体・化合物・混合物の具体例を知っておこう
- 同素体，異性体の具体例を知っておこう

1. 原子と分子

原子とは

物質の特性を示す最小の粒子のことを**原子**といいます。原子の中心には**原子核**があり，原子核の中にはいくつかの陽子と中性子があります。また，原子核の周りを陽子と同数の電子が回っています。

分子とは

原子が結合し，安定した状態にあるものを**分子**といいます。例えば，水素原子 H，酸素原子 O，窒素原子 N はそれぞれ水素 H_2，酸素 O_2，窒素 N_2，水 H_2O などの形に結合し，安定な分子として存在しています。

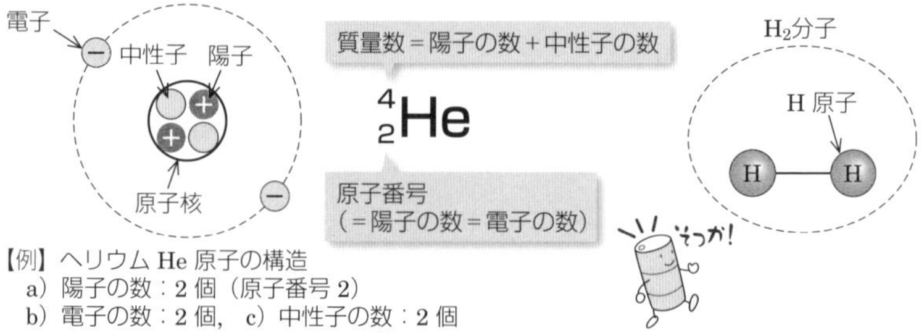

原子と分子

2. 化合と分解

化合とは

2 種類以上の物質が結合し，**異なる物質をつくる**ことを**化合**といいます。

化合の例：水素の酸化　$2H_2 + O_2 \rightarrow 2H_2O$

分解とは

化合とは逆に，分子が**2 つ以上の成分に分かれる**ことを**分解**といいます。

分解の例：水の分解　$2H_2O \rightarrow 2H_2 + O_2$

3. 物質の種類

純物質と混合物

物質は，**純物質**と**混合物**に大別できます。さらに，純物質は**単体**と**化合物**とに分けられます。次の表に，それらの判別法と具体例をまとめます。

単体・化合物・混合物

純物質	単体	1種類(単一)の元素のみから構成される物質 【例】 H_2(水素), 酸素(O_2), 窒素(N_2), オゾン(O_3), ナトリウム(Na), リン(P), ダイヤモンド(C), グラファイト(C), カーボンナノチューブ(C)
	化合物	2種類以上の元素で構成させる物質(1つの化学式で表せる) 【例】 H_2O(水), 二酸化炭素(CO_2), エタノール(C_2H_5OH), ベンゼン(C_6H_6), プロパン(C_3H_8), 塩化ナトリウム(NaCl)
混合物		2種類以上の純物質が混合したもの(1つの化学式で表せない) 【例】 空気(N_2,O_2, …), ガソリン, 灯油, 軽油, 重油, 食塩水, 砂糖水

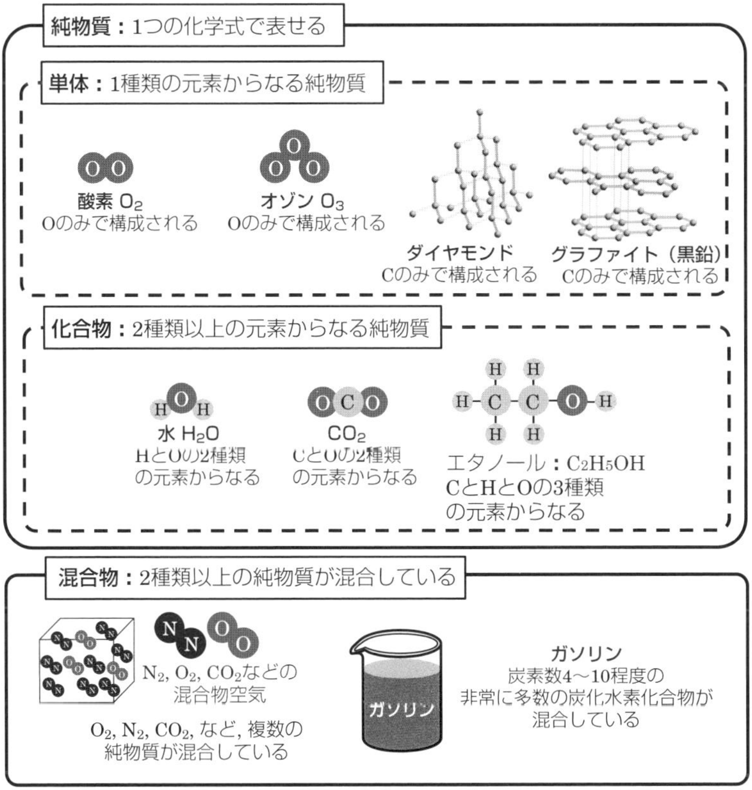

同素体

同じ元素でできているが，その**数**，**配列**などが違うため**性質が異なる単体**。

重要　**同素体の例**

［酸素 O_2 とオゾン O_3］,［黒鉛（グラファイト）とダイヤモンド（C）とフラーレン（C）とカーボンナノチューブ（C）］,［黄リンと赤リン（P）］,［ゴム状硫黄と斜方硫黄と単斜硫黄（S）］

異性体

分子式（$C_mH_nO_l$ など）が同じ（元素の数，種類が同じ）であるが，その**構造が異なる**化合物。

重要　**異性体の例：出やすい！**

❶**エタノール**と**ジメチルエーテル** ⇒ 分子式は共に C_2H_6O

どちらも，炭素Cが2個，水素Hが6個，酸素Oが1個で構成されるが，結合の構造が異なっています。

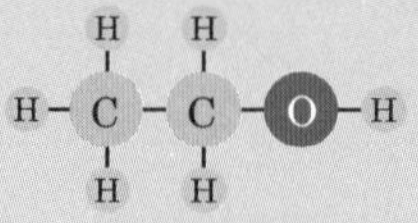

エタノール：C_2H_5OH

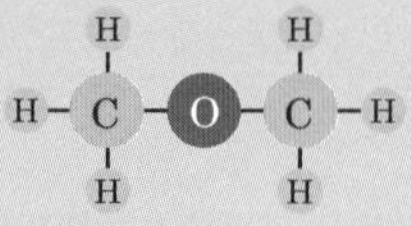

ジメチルエーテル：CH_3OCH_3

その他，試験に出やすい代表的な異性体として，次の物質があげられます。

❷ノルマルブタンとイソブタン ⇒ 分子式は共に C_4H_{10}

❸オルトキシレンとメタキシレンとパラキシレン ⇒ 分子式は共に C_8H_{10}

重要　**試験に出やすい単体，化合物，混合物一覧**

単　体：水素，単斜硫黄，斜方硫黄，水銀，酸素，オゾン，鉄，アルミニウム，炭素

化合物：水，蒸留水，二酸化炭素，鉄さび，食塩（塩化ナトリウム），硝酸，メタノール，エタノール，メタン，プロパン，アルミナ

混合物：空気，ガソリン，灯油，軽油，重油，砂糖水

これだけ！で合格ライン突破！

合格力養成 スピード テスト

①	[○・×] ガソリンは化合物である。
②	[○・×] 赤リンと黄リンは異性体である。
③	[○・×] 空気は窒素や酸素などの化合物である。
④	[○・×] 斜方硫黄は単体である。
⑤	[○・×] 蒸留水は純物質である。
⑥	[○・×] 鉄のさびは単体である。
⑦	[○・×] メチルアルコールとエチルアルコールは異性体である。
⑧	[○・×] パラキシレンとメタキシレンは同素体である。

解答

①×　ガソリンは，さまざまな種類の化合物が混ざっている“混合物”です。

②×　黄リンと赤リンは，同じ元素（P）から成る“同素体”です。

③×　空気は，窒素 N_2，酸素 O_2，その他の微量成分が混ざっている“混合物”です。

④○　斜方硫黄は硫黄Sのみで構成されるので単体です。

⑤○　蒸留水は H_2O のみからなる物質なので純物質です。なお，HとOの化合物です。

⑥×　鉄Feは単体ですが，さびた鉄は酸化鉄（FeOなど）になっているので，化合物です。

⑦×　メタノール CH_4O とエタノール C_2H_6O は，化学式自体が違いますので，異性体ではありません。

⑧×　パラキシレン，メタキシレン，オルトキシレンの分子式は，すべて C_8H_{10} で，結合の仕方が少し違うだけです。よって，お互いに異性体です。

実践問題に

問題1 単体，化合物，混合物について，正しいものはどれか。

(1) 二酸化炭素は，炭素と酸素の混合物である。

(2) 水は，水素と酸素の混合物である。

(3) ガソリンは，種々の炭化水素の混合物である。

(4) 空気は，窒素と酸素の化合物である。

(5) 一酸化炭素は単体である。

解答 (3)　ガソリンは炭素4～10程度の多数の炭化水素の混合物です。(1) 二酸化炭素 CO_2 はCとOの化合物です。(2) 水 H_2O はHとOの化合物です。(4) 空気は窒素 N_2 と酸素 O_2，その他の微量成分の混合物です。(5) 一酸化炭素はCOなので，単体ではなくCとOの化合物です。

問題2 次のうち，混合物のみの組合せはどれか。

(1) 空気………………石油

(2) 硝酸………………空気

(3) 空気………………水銀

(4) 硝酸………………塩化ナトリウム

(5) 二酸化炭素………水

解答 (1)　この中で，混合物は「空気」，「石油」です。空気は，窒素 N_2，酸素 O_2，その他微量成分の純物質が混合した混合物です。石油は，ガソリンと同様に多数の炭化水素が混合した混合物です。(2)～(5) に記されている硝酸 HNO_3，塩化ナトリウム NaCl，二酸化炭素 CO_2，水 H_2O は化合物です。水銀は単体です。

問題3 物質について，誤っているものはどれか。

(1) エタノールとメタノールは異性体である。

(2) プロパンは化合物である。

(3) 空気は混合物である。

(4) 重油は混合物である。

(5) 砂糖水は混合物である。

解答 (1)　エタノール（C_2H_5OH）とメタノール（CH_3OH）は分子を構成する元素の種類は同じですが，数が違うので異性体ではありません。(2) プロパン C_3H_8 は C と H の化合物です。(3) 空気は N_2, O_2, その他による混合物です。(4) 重油は石油, ガソリンと同じく混合物です。(5) 砂糖水は, 砂糖と水が混ざった混合物です。

問題4 同素体について，誤っているものはどれか。

(1) 単斜硫黄と斜方硫黄は同素体である。

(2) 酸素とオゾンは同素体である。

(3) メタキシレンとパラキシレンは同素体である。

(4) 赤りんと黄りんは同素体である。

(5) ダイヤモンドとカーボンナノチューブは同素体である。

解答 (3)　メタキシレンとパラキシレンは共に C_3H_{10} で表される，C と H の化合物です。分子式は同じですが，結合の構造が違うため，異性体です。

2-2 物理変化と化学変化

最重要Point!

- 物理変化と化学変化の見分け方を理解しよう
- 物理変化と化学変化の代表例を知っておこう

1. 物理変化と化学変化の見分け方

氷を加熱すると，溶けて水になり，さらに加熱すると水蒸気になります。しかし，いずれも水分子（H_2O）であることには変わりありません。このような変化は物理変化といいます。一方で，空気中で水素（H_2）を燃焼させると，水（H_2O）になり，化学式自体が変化しています。このような変化を化学変化といいます。つまり，物理変化と化学変化は，次の考え方で見分けることができます。

重要　物理変化と化学変化の見分け方

物理変化：化学反応を伴わず，物質の状態が変化すること

化学変化：化学反応(化合，分解など)を伴い，物質の状態が変化すること

2. 物理変化と化学変化の具体例

試験でよく問われる，物理変化と化学変化の具体例を示します。

重要　【物理変化の具体例】次のすべてにおいて化学式は変化していない

❶ 物質の三態の変化：氷の融解，ガソリンの蒸発，ドライアイスの昇華など

❷ 原油を分留してガソリン，灯油，軽油を精製する

❸ 砂糖が水に溶けて砂糖水になる

❹ ニクロム線に電流を流すと赤熱する

❺ ばねなどの弾性体が伸縮する

❻ 物体の摩擦で静電気が発生する

重要　**【化学変化の具体例】次のすべてにおいて化学式は変化している**

❶ ガソリンが燃焼して二酸化炭素 CO_2 と水 H_2O を生成する

❷ 鉄がさびる（化学反応で酸化鉄 [FeO など] になっている）

❸ 紙が濃硫酸に触れて黒くなる（紙が硫酸による脱水反応で炭化している）

❹ 水 H_2O を電気分解すると水素 H_2 と酸素 O_2 になる

❺ 酸と塩基を混合したら中和した（中和も化学反応）

❻ 加硫ゴムが経年変化して劣化（き裂の発生や強度の低下など）した（加硫ゴムの経年劣化は，酸化反応によるもの）

これだけ！で合格ライン突破！　　合格力養成 **スピード** テスト

①	「A：アルコールが燃焼して水と二酸化炭素が発生する，B：紙が濃硫酸に触れて黒くなる，C：食塩水を煮詰めると食塩の結晶が析出する，D：ナフタリンが昇華する，E：容器内のガソリンを撹拌したら帯電した，F：ニクロム線に電流を流したら赤熱した」。以上のうち，物理変化は［　］である。

解答

① C，D，E，F　　残りの A，B は化学変化です。C は水溶液の状態でも析出した状態でも食塩には違いありません。D は固体でも気体でもナフタリンには違いありません。E は，ガソリンは帯電しても化学式に変化はありません。F はニクロム線が熱をもっただけで，化学変化はしていません。A と B は共に化学反応を起こしているので，化学変化です。

実践問題にChallenge!

問題1 物理変化と化学変化について，誤っているものはいくつあるか。

A：油を蒸留して灯油をつくるのは化学変化である。

B：ドライアイスが気体の二酸化炭素になるのは化学変化である。

C：炭化水素が燃焼して二酸化炭素と水を生成するのは化学変化である。

D：ニクロム線に電流を流すと赤熱するのは物理変化である。

E：鉄くぎが大気中でさびてボロボロになるのは物理変化である。

(1) 1つ　　(2) 2つ　　(3) 3つ　　(4) 4つ　　(5) 5つ

解答 (3)　A，B，E が誤った記述です。A と B は化学反応は起きていないので，物理変化です。一方，E は鉄が酸化鉄に変わっているので，化学変化です。

問題2 次のうち，化学変化はいくつあるか。

A：紙が濃硫酸に触れて黒く変色した。

B：鉄板が錆びてボロボロになった。

C：ばねに力を加えたら，伸びた。

D：ドライアイスを放置していたら，消えた。

E：水を加熱したら，沸騰した。

(1) 1つ　　(2) 2つ　　(3) 3つ　　(4) 4つ　　(5) 5つ

解答 (2)　A と B が化学変化です。それ以外はすべて化学式自体は変化しておらず，物理変化です。つまり，C では，ばねが伸びてもその材料の組成は変わっていません。D では，ドライアイス（固体の CO_2）が昇華して気体の CO_2 になったものなので，化学式は変化せず CO_2 のままです。E では，液体の H_2O が気体の H_2O になったものです。

2-3 化学反応式と熱化学方程式

最重要 Point!

- ☑ 化学反応による物質の変化を表した式を化学反応式という
- ☑ 化学反応式に加えて，そのときにやり取りされる熱を示したものを熱化学方程式という
- ☑ 化学反応の前後で，各原子の個数は等しくなる
- ☑ 化学反応の前後で，質量は保存されて一定になる

1. 化学反応式と熱化学方程式

化学反応式

物質が化学反応を起こした際，**反応前の化学式と反応後の化学式を書き表したもの**を**化学反応式**といいます。

【例】水素と酸素の反応
水素（H_2）1 mol と酸素（O_2）0.5 mol が反応して水（H_2O）が 1 mol 生成するときの反応式は　$H_2 + \frac{1}{2}O_2 \rightarrow H_2O$

反応の前後で，次の特徴があります。

❶ **各原子の数は等しい**：反応によって原子が増減することはないので，反応の前後で，各原子の数は等しくなければなりません。

❷ **質量が保存される**：各原子の数が等しいということは，質量も等しくなります（**質量保存の法則**といいます）。

❸ **水素 1mol が完全燃焼する際の各物質の質量〔g〕は？**

水素 H_2（分子量は $M = 2$ g/mol）⇒ 1 mol では　**2 g** です。

酸素 O_2（分子量は $M = 32$ g/mol）⇒ 0.5 mol では　32 × 0.5 ＝ **16 g** です。

水 H_2O（分子量は $M = 2 + 16 = 18$ g/mol）⇒ 1 mol では　**18 g** です。

⇒よって，1 mol の水素が燃焼する際，水素 2 g と酸素 16 g が反応し，18 g の水が生成されます（反応の前と後で，質量が保存されます）。

危険物取扱者試験で問われる計算問題に対処できるように，以下に示す具体的な問題を解いてみましょう。

炭化水素燃焼における必要空気量計算

炭化水素は主にCとHの化合物ですが，アルコールなど，分子内に酸素を含むものもあるため，$C_xH_yO_z$ で表される分子の燃焼を考えます。

❶［考え方1］ **炭素Cは酸素 O_2 と反応して CO_2 になる**：1個のCで1個の O_2 を使う ⇒ C_x 当たり x〔mol〕の O_2 が必要です。

❷［考え方2］ **水素Hは酸素 O_2 と反応して H_2O になる**：4個のHで1個の O_2 を使う ⇒ H_y 当たり $y/4$〔mol〕の O_2 が必要です。

❸［考え方3］ **燃料中の酸素原子Oは，燃焼の酸素源に使用できるので，その分外部から供給される酸素 O_2 が少なくなる**：2個のOで1個の O_2 と同じなので，⇒ O_z 当たり $z/2$〔mol〕の O_2 が**不要になります**。

以上をまとめると，$C_xH_yO_z$ の分子の反応に必要な酸素は，以下のとおりです。

$$C_xH_yO_z + \left(x + \frac{y}{4} - \frac{z}{2}\right)O_2 = xCO_2 + \frac{y}{2}H_2O$$

この式を覚えておくと，有機化合物の化学反応式を立てることが容易です。また，この式の O_2 にかかる係数 $\left(x + \frac{y}{4} - \frac{z}{2}\right)$ で必要酸素量を計算できます。具体的に，例題で確認しましょう。

●例題1　エタノール C_2H_5OH が酸素 O_2 で完全燃焼する場合について，

(1) 化学反応式を書け。

(2) 1 molのエタノールを完全燃焼させるのに必要な酸素は何〔mol〕か。また，何〔g〕か。

(3) 0℃，1気圧で92 gのエタノールを完全燃焼させるのに必要な空気量は何〔L〕か。ただし，空気中に占める酸素の体積割合は20%とする。

解答  示性式 C_2H_5OH の H をまとめて分子式 C_2H_6O として計算します。

（1） $C_xH_yO_z + \left(x + \frac{y}{4} - \frac{z}{2}\right) O_2 = xCO_2 + \frac{y}{2} H_2O$

において，x＝2，y＝6，z＝1 を代入すれば，燃焼反応式が得られます。

$$C_2H_6O + \left(2 + \frac{6}{4} - \frac{1}{2}\right) O_2 = 2CO_2 + \frac{6}{2} H_2O$$

$$C_2H_6O + 3O_2 = 2CO_2 + 3H_2O$$ 【答】

（2） 上の化学反応式から，1 mol のエタノールを完全燃焼させるには，**3 mol の酸素【答】**が必要です。酸素 O_2 の分子量は 32 g/mol なので，3×32＝**96 g【答】**です。

（3） まず，エタノールの分子量を求めます。原子量は C＝12，H＝1，O＝16 なので，C_2H_6O の場合，12×2＋1×6＋16＝46 g/mol。よって，92 g のエタノールは，92÷46＝2 mol です。つまり，2 mol のエタノールには 3×2＝6 mol の酸素 O_2 が必要です。これを質量に直すには，酸素の分子量 32 をかければよいので，6 mol×32 g/mol＝**192 g** になります。体積で表すと，0℃，1 気圧では 22.4 L×6＝**134.4 L** です。これは，必要な酸素の体積です。求めたいのは空気の体積です。空気中の酸素の割合は 20% で，残りの 80% は窒素（N_2）で近似できます。つまり，酸素の 4 倍の体積の窒素が加わったものが空気です。よって，必要な**空気量**は 134.4＋(134.4×4)＝**672 L【答】**です。

● 例題 2　次の物質 1 mol が完全燃焼する際に，最も多くの酸素を必要とするものは？

（1） メタン（CH_4）　　（2） メタノール（CH_3OH）

（3） 酢酸（CH_3COOH）　　（4） アセトン（CH_3COCH_3）

解答 

$$C_xH_yO_z + \left(x + \frac{y}{4} - \frac{z}{2}\right) O_2 = xCO_2 + \frac{y}{2} H_2O$$

この式の，O_2 にかかる係数 $\left(x + \frac{y}{4} - \frac{z}{2}\right)$ で必要酸素量が計算できます。

（1） メタン（CH_4）⇒ $\left(x + \frac{y}{4} - \frac{z}{2}\right) = \left(1 + \frac{4}{4}\right) = 2$ mol

（2） メタノール（CH_3OH）⇒ CH_4O ⇒ $\left(x + \frac{y}{4} - \frac{z}{2}\right) = \left(1 + \frac{4}{4} - \frac{1}{2}\right) = 1.5$ mol

（3） 酢酸（CH_3COOH）⇒ $C_2H_4O_2$ → $\left(x + \frac{y}{4} - \frac{z}{2}\right) = \left(2 + \frac{4}{4} - \frac{2}{2}\right) = 2$ mol

（4） アセトン（CH_3COCH_3）⇒ C_3H_6O ⇒ $\left(x + \frac{y}{4} - \frac{z}{2}\right) = \left(3 + \frac{6}{4} - \frac{1}{2}\right) =$ **4 mol【答】**

熱化学方程式

化学反応が起こると同時に，熱の放出（発熱反応）または熱の吸収（吸熱反応）が起こります。**化学反応式に，反応に伴う熱（発熱なら（＋），吸熱なら（−））を記述した式**のことを**熱化学方程式**といいます。**燃焼反応の場合は発熱反応**でなければなりません（吸熱反応では自律的に燃焼が継続しません）。

水素と酸素の反応式を熱化学方程式で書くと，次のように示されます。

$$H_2(\text{気体}) + \frac{1}{2}O_2(\text{気体}) \rightarrow H_2O(\text{気体}) + \mathbf{242\,kJ} \qquad (1)$$

水素（H_2）1 mol と酸素（O_2）0.5 mol が反応して，気体の水（H_2O）が 1 mol 生成される際，**242 kJ の発熱**が起こります。

ヘスの法則と熱化学計算

反応物（反応前の物質）と生成物（反応後の物質）が同じであれば，その際の反応熱は反応の経路によらずに一定になります。これを，**ヘスの法則**といいます。この法則を利用し，複雑な段階を経る化学反応でも，複数のシンプルな熱化学方程式の組合せで表すことで，その反応熱を求めることができます。

●例題 3　次の熱化学反応を用いて，炭素 C と酸素 O_2 が完全燃焼して CO_2 になる場合の反応熱（燃焼熱）を求めよ。

（式①）炭素 C と酸素 O_2 が反応して一酸化炭素 CO が生成される熱化学反応

$$C + \frac{1}{2}O_2 = CO + 111\,kJ \quad \cdots\cdots ①$$

（式②）CO と O_2 が反応して二酸化炭素 CO_2 が生成される熱化学反応

$$CO + \frac{1}{2}O_2 = CO_2 + 283\,kJ \quad \cdots\cdots ②$$

解答

求めたい化学式は次のとおりです。

$$C + O_2 = CO_2 + ?\ kJ \quad \cdots\cdots ③$$

ヘスの法則を利用すれば，式①＋式②＝式③ になるので両式を足します。

$$C + \frac{1}{2}O_2 = CO + 111\,kJ \quad \cdots\cdots ①$$

$$+)\quad CO + \frac{1}{2}O_2 = CO_2 + 283\,kJ \quad \cdots\cdots ②$$

$$C + \cancel{CO} + O_2 = \cancel{CO} + CO_2 + \mathbf{394\,kJ}$$

イコールの両側にある物質（CO）は互いに消去されるので，

$C + O_2 = CO_2 + 394\,kJ$【答】

が求まります。つまり，1 mol の炭素 C の完全燃焼によって，394 kJ の発熱反応が起こります。

反応熱

1 mol の反応物質が放出または吸収する熱を**反応熱**といいます。反応熱は，種類に応じて次のように種類分けされています。

反応熱の種類

反応熱の種類	定　義
燃焼熱	1 molの物質が完全燃焼する際の反応熱
生成熱	1 molの化合物が単体から生成するときの反応熱
中和熱	酸と塩基が中和して1 molの水を生成するときの反応熱

燃焼熱の例

① 水素が酸素と反応して水になる。

$$H_2(\text{気体}) + \frac{1}{2}O_2(\text{気体}) = H_2O(\text{液体}) + \mathbf{286\,kJ} \qquad (1)'$$

② 炭素が酸素と反応して二酸化炭素になる。

$$C(\text{固体}) + O_2(\text{気体}) = CO_2(\text{気体}) + 394\text{kJ} \qquad (2)$$

左ページの式（1）と式（1)′とで**反応熱が 286－242＝44 kJ 違う**理由は，(1) は気体，(1)′は液体の水が生じているためです。つまり，44 kJ は**水の凝縮熱**（**蒸発熱と数値は同じ**になる）です。

実践問題に

問題1 メタノールの燃焼反応式は以下のとおりである。

$$2CH_3OH \;+\; 3O_2 \;\rightarrow\; 2CO_2 \;+\; 4H_2O$$

このとき，32 g のメタノールを完全燃焼させるのに必要な理論酸素量は次のうちどれか。ここで，各元素の原子量は C＝12，H＝1，O＝16 である。

(1) 24 g　(2) 32 g　(3) 48 g　(4) 64 g　(5) 96 g

解答（3）　この反応式に示されるように，2 mol のメタノールを燃焼させるのに，3 mol の酸素が必要です。原子量から，1 mol のメタノールの分子量は 12＋4＋16＝32 g/mol です。つまり，メタノール 32 g とは，メタノール 1 mol のことです。化学反応式より，2 mol のメタノールで 3 mol の酸素が必要ですので，1 mol のメタノールでは 1.5 mol の酸素が必要です。酸素の分子量は 16×2＝32

g/mol です．よって，1.5 mol の酸素は 1.5×32＝48 g です。

問題 2 アセトンの燃焼反応式は次のとおりである。

$CH_3COCH_3 \quad + \quad 4O_2 \quad \rightarrow \quad 3CO_2 \quad + \quad 3H_2O$

0℃，1 気圧（1.013×10^5 Pa）において，アセトン 29 g が完全燃焼するのに必要な空気量として最も近いものはどれか。ただし，空気中に占める酸素の体積割合は 20% であるものとし，原子量は H＝1，C＝12，O＝16 である。

（1）11.2 L　（2）22.4 L　（3）58 L　（4）90 L　（5）224 L

解答（5）　アセトンの分子量を求めます。分子式は C_3H_6O なので，分子量は 12×3＋1×6＋16×1＝58 g/mol です。よって，アセトン 29 g は，29÷58＝0.5 mol です。つまり，アセトン 0.5 mol の燃焼反応式を考えればよいのです。必要な酸素量は 4÷2＝2 mol です。酸素のモル割合は 20% 5 分の 1 なので，空気全体では 2 mol×5＝10 mol です。0℃，1 気圧では 1 mol の気体が 22.4 L を占めるので，10 mol の空気の体積は，10×22.4＝224 L です。

問題 3 次の反応のうち，明らかに燃焼反応に該当しないものはどれか。

（1）$C_3H_8 + 5O_2 = 3CO_2 + 4H_2O + 2216\ \mathrm{kJ}$

（2）$N_2 + \frac{1}{2}O_2 = N_2O - 74\ \mathrm{kJ}$　（3）$Al + \frac{3}{4}O_2 = \frac{1}{2}Al_2O_3 + 837\ \mathrm{kJ}$

（4）$H + \frac{1}{2}O_2 = H_2O + 243\ \mathrm{kJ}$　（5）$C + O_2 = CO_2 + 394\ \mathrm{kJ}$

解答（2）　このような問題が出題された場合，個々の熱化学反応を知っていなくても正答できます。燃焼反応ならば，少なくとも発熱反応でなければなりません。つまり，−74 kJ の吸熱反応である（2）は明らかに燃焼ではありません。

問題 4 炭素が完全燃焼する際の熱化学方程式は以下のとおりである。

$C + O_2 = O_2 + 394\ \mathrm{kJ}$

ある量の炭素と酸素が完全燃焼した結果，788 kJ の熱が発生した。このとき，炭素は何グラム〔g〕燃焼したことになるか。

（1）6 g　（2）12 g　（3）24 g　（4）36 g　（5）48 g

解答 (3)　熱化学方程式が示すように，1 mol の C が完全燃焼すると 394 kJ の熱が発生します。よって，788 kJ の熱が発生したとすれば，それは 2 mol の炭素が燃焼したことがわかります。炭素 C の原子量は 12 なので，2 mol の炭素の質量は，12×2＝24 g です。

問題 5 プロパンが完全燃焼する際の燃焼反応式において，A から C の係数の和として正しいものはどれか。

$C_3H_8 + [A]O_2 = [B]CO_2 + [C]H_2O$

(1) 6　　(2) 9　　(3) 12　　(4) 15　　(5) 18

解答 (3)　燃焼反応式　$C_xH_yO_z + \left(x + \frac{y}{4} - \frac{z}{2}\right) O_2 = xCO_2 + \frac{y}{2}H_2O$

に $x=3$，$y=8$，$z=0$ を代入すると，$C_3H_8 + 5O_2 = 3CO_2 + 4H_2O$ となります。よって，5＋3＋4＝12 です。

問題 6 次の有機化合物の気体 1mol を空気中で完全燃焼させる際に，必要空気量が最も少ないものはどれか。

(1) メタノール(CH_4O)　　(2) アセトアルデヒド(C_2H_4O)

(3) ベンゼン(C_6H_6)　　(4) ヘキサン(C_6H_{14})　　(5) エタノール(C_2H_6O)

解答 (1)　理論酸素量が最も少ないものを求めればよいので，$\left(x + \frac{y}{4} - \frac{z}{2}\right) O_2$ のカッコ内の係数を計算して比較すれば解答が得られます。

(1)　$\left(x + \frac{y}{4} - \frac{z}{2}\right) = \left(1 + \frac{4}{4} - \frac{1}{2}\right) = 1.5$　　(2)　$\left(x + \frac{y}{4} - \frac{z}{2}\right) = \left(2 + \frac{4}{4} - \frac{1}{2}\right) = 2.5$

(3)　$\left(x + \frac{y}{4} - \frac{z}{2}\right) = \left(6 + \frac{6}{4} - \frac{1}{2}\right) = 7.5$　　(4)　$\left(x + \frac{y}{4} - \frac{z}{2}\right) = \left(6 + \frac{14}{4} - \frac{0}{2}\right) = 9.5$

(5)　$\left(x + \frac{y}{4} - \frac{z}{2}\right) = \left(2 + \frac{6}{4} - \frac{1}{2}\right) = 3$

よって，必要酸素量が最も少ないメタノールが，必要空気量も最も少ないです。

2-4 反応の速さと化学平衡

最重要Point!

- 反応の速さ（反応速度）は，反応物の濃度に比例
- 反応速度は，温度の上昇に対して指数的（爆発的）に増大
- 活性化エネルギーが大きいほど，反応速度が遅くなる
- 触媒は，活性化エネルギーを下げ，反応速度を増加させる
- 触媒を用いた場合でも，その反応の反応熱自体は変わらない

1. 化学反応の速さ

反応速度

水素と酸素を混合して，点火すると爆発的に燃焼します。このときの熱化学方程式は次のとおりです。

$$H+\frac{1}{2}O_2=H_2O+242\,\mathrm{kJ}$$

一般的に，以下の条件で反応速度は増加します。

❶ **反応物（水素と酸素）の濃度が大きく，より密集している**：つまり分子同士の衝突回数が多いです。

❷ **温度が高い**：一般に，反応速度は温度上昇とともに急激に（指数関数的に）増大します。

活性化エネルギーと反応速度

酸素と水素を混ぜただけで必ず燃焼が起こるわけではありません。

「火種を近づける」，「高温にさらす」，「圧縮する」などのきっかけを与えると，急激に燃焼します。つまり，燃焼反応を開始するためには，そのしきい(きっかけ)となるエネルギーが必要です。これを**活性化エネルギー**と呼びます。水素 H_2 と酸素 O_2 の燃焼を例に，反応に伴うエネルギー状態を次ページの図に示します。燃焼前の H_2 と 1/2 O_2 のもつエネルギーと，燃焼後の H_2O のもつエネルギーの差が**反応熱**です（この場合は**発熱反応**）。しかし，反応物を H_2O にするためには，いったんエネルギーの山を越えなければなりません（これも活性化エネルギーといいます）。活性化エネルギー（反応を起こすための障壁）を超えるエネルギーを与えると，水素と酸素が燃焼を開始します。活性化エネルギーが大きいほど，反応を起こすための障壁が高いため，反応が進行しにくくなります。つまり，**活性化エネルギーが高い反応は，反応速度が低くなります**。

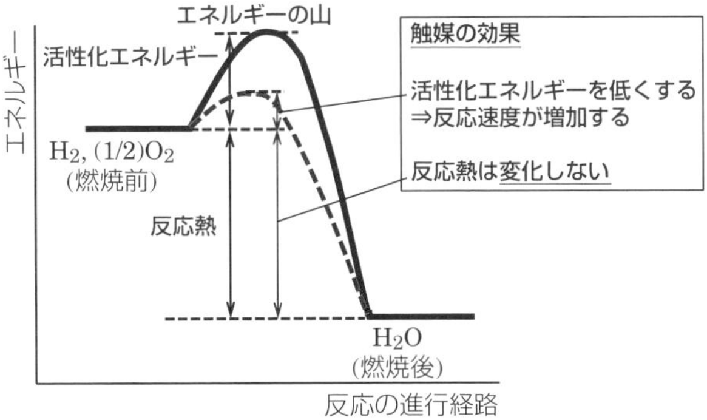

反応に伴うエネルギー状態

触媒の効果

上図に示したように，活性化エネルギーは反応を起こすための障壁です。**触媒は，活性化エネルギーを低下させることで反応速度を増加させる**効果を持ちます。つまり，触媒を用いると活性化エネルギーが低下し，より低い温度でも反応が進行します。

なお触媒によって活性化エネルギーは低下しますが，**反応熱は変化しません**。

2. 化学平衡

化学平衡とは

物質Aと物質Bが反応して物質Cと物質Dが生成される反応を考えます。AとBからCとDが生成される反応を**正反応**といいますが，通常同時にその逆の反応（**逆反応**）も起きています。

$$A + B \leftrightarrow C + D$$

正反応と逆反応の反応速度が同じになったとき，反応は見かけ上，止まったように見えます。この状態を**化学平衡《へいこう》**といいます。

ルシャトリエの法則

化学平衡にある状態において，反応の条件（**圧力**，**濃度**，**温度**）を変化させると，その**変化を打ち消す方向に平衡状態が移動**します。これを，**ルシャトリエの法則**といいます。具体例を次にまとめます。

ルシャトリエの法則の具体例

状態変化	平衡状態の移動
圧力増加	圧力増加で分子密度が増加するため，圧力が低下する方向に，つまり**分子数を減少させる方向**に平衡が移動する
濃度増加	**濃度が減少する方向**に平衡が移動する
温度増加	温度を増加させると，温度を低下させる方向，つまり**吸熱反応の方向**に平衡が移動する

これだけ！で合格ライン突破！　合格力養成 スピード テスト

①	[○・×] 反応物の濃度が増加すると，反応速度が低下する。
②	[○・×] 活性化エネルギーが低下すると，反応速度が低下する。
③	[○・×] 触媒を用いると，反応速度が低下する。
④	[○・×] 触媒を用いると，反応熱が変化する。
⑤	[○・×] 平衡状態にある系を加熱すると，発熱反応の方向に平衡が移動する。
⑥	[○・×] 平衡状態にある系を加圧すると，分子数が減る方向に平衡が移動する。

解答

①×　濃度が増加すると反応物同士の衝突回数が増すため，反応速度が増加します。

②×　活性化エネルギーは反応開始のための障壁です。これが低いほど，容易に反応が起こります。つまり，反応速度が増加します。

③×　触媒は活性化エネルギーを低下させるので，反応速度が増加します。

④×　触媒により反応速度は変化しますが，反応熱自体は変化しません。

⑤×　加熱すると吸熱方向に平衡が移動します。

⑥○　加圧すると分子数が減少（圧力低下）する方向に平衡が移動します。

実践問題にChallenge!

問題1 ある物質の化学反応において，温度が10℃上昇するごとに反応速度が2倍になる。このとき，20℃から80℃に温度が上昇すると，反応速度は何倍になるか。

(1) 12倍　(2) 32倍　(3) 40倍　(4) 64倍　(5) 160倍

解答 (4)　20℃から80℃までの温度上昇量は，80－20＝60℃です。つまり，10℃×6の温度上昇です。10℃上昇するごとに反応速度が2倍になるので，反応速度は，$2\times2\times2\times2\times2\times2=2^6=$**64倍**になります。

問題2 触媒（正触媒）が化学反応にもたらす効果として，正しいものはいくつあるか。

A：反応速度を大きくする。

B：化学反応の活性化エネルギーを大きくする。

C：反応熱を大きくする。

D：平衡状態を変化させる。

(1) 0（すべて誤り）　(2) 1つ　(3) 2つ　(4) 3つ

(5) 4つ（すべて正しい）

解答 (2)　Aのみが正しい記述です。それ以外が正しくない理由は以下のとおりです。

B：活性化エネルギーを低下させることで反応速度を増加させます。

C：触媒を用いても，反応熱自体は変化しません。

D：触媒は，反応速度を変化させるものであり，平衡状態は変化しません。

2-5 酸と塩基・中和・水素イオン指数(pH)

最重要 Point!

- ☑ 酸：水溶液中で電離して水素イオン H^+ を生じる，または他の物質に水素イオンを与える物質
- ☑ 塩基：水溶液中で電離して水酸化物イオン OH^- を生じる，または他の物質から水素イオンを受け取れる物質
- ☑ 青色リトマス紙が「赤」になる ⇒ 酸性
- ☑ 赤色リトマス紙が「青」になる ⇒ 塩基（アルカリ）性
- ☑ 中和：酸 H^+ と塩基 OH^- から塩と水ができる反応のこと
- ☑ pHが，7未満 ⇒ 酸性，7を超える ⇒ 塩基性，7 ⇒ 中性

1. 酸と塩基

酸とは

水に溶けると電離して水素イオン※1 **H^+ を生じる**物質，もしくは，**他の物質に水素イオン H^+ を与える**物質のことを**酸**といいます。

塩基（アルカリ）とは

水に溶けると**水酸化物イオン OH^- を生じる**物質，もしくは，**他の物質から水素イオン H^+ を受け取れる**物質のことを**塩基**（**アルカリ**）といいます。

重要 **リトマス紙の色変化：出やすい！**

酸：リトマス紙を**赤色**に変える

塩基：リトマス紙を**青色**に変える

重要 リトマス紙を**赤から青**，**青から赤**のように覚えると混乱します。上で示したように，**変化後の色だけを覚えれば簡単**です（変化後の色がわかれば変化前の色は明らかなためです）。

※1 水溶液中で H^+ はオキソニウムイオン H_3O^+ として存在しているため，水素イオンの代わりにオキソニウムイオンと呼ぶ場合もあります。

2. 中 和

酸 H^+ と**塩基** OH^- から**塩**と**水**ができる反応のことを**中和**といいます。

例えば，酸である塩酸 HCl と塩基である水酸化ナトリウム NaOH を混ぜると次のように中和します。

＜**酸**＞		＜**塩基**＞		＜**塩**＞		＜**水**＞
HCl	+	NaOH	→	NaCl	+	H_2O
塩酸		水酸化ナトリウム		塩化ナトリウム		水

3. 水素イオン指数（pH）

水素イオン指数（pH）は，**酸性**や**塩基性**（アルカリ性）**の度合い**を示す指標です。pH は **7.0 を境に**次の特徴があります。

重要 ポイントアドバイス

pH は **0 ～ 14** までありまます。

pH = 7 は中性。pH が **7 未満は酸性**，**7 より大きければ塩基性**です。

pH の数値が**小さいほど強い酸性**，**大きいほど強い塩基性**になります。

水溶液が酸性，中性，塩基性のいずれであっても，**水素イオン**［H^+］**の濃度**と，**水酸化物イオンの濃度**［OH^-］**の積**は，次のとおり**一定**になります。

$$[H^+] \times [OH^-] = 1.0 \times 10^{-14} \ [\mathrm{mol/L}]^2$$

pH は，次の式で計算されます。

$$\mathbf{pH = \log_{10} \frac{1}{[H^+]}}$$

つまり，以下のことがいえます。

・酸性が強いほど H^+ の濃度が高く（その分 OH^- の濃度が低い），pH は低くなる。

・塩基性が強いほど H^+ の濃度が低く（その分 OH^- の濃度が高い），pH は高くなる。

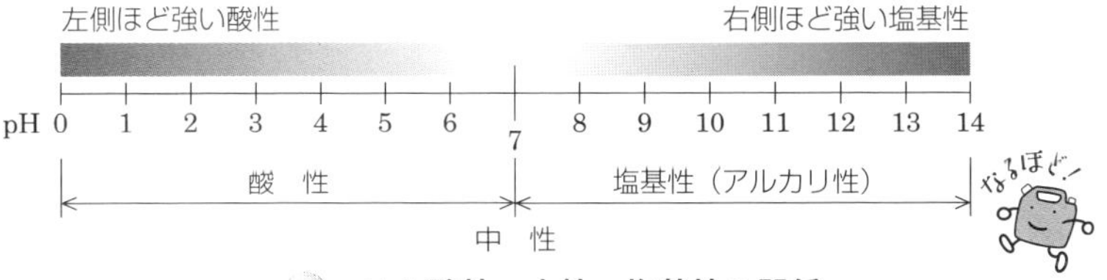

pH と酸性，中性，塩基性の関係

これだけ！で合格ライン突破！　合格力養成スピードテスト

①	[○・×] 水溶液中で水素イオンを生じる物質を塩基という。
②	[○・×] ある物質を水に溶かしたところ OH^- が生じた。このような物質を酸という。
③	[○・×] ある溶液を青色リトマス紙に垂らすと赤色に変化した。この溶液は塩基性である。
④	[○・×] 酸と塩基から塩と水ができる反応のことを中和という。
⑤	[○・×] pH が 7.5 の溶液は弱酸性である。
⑥	[○・×] pH が 1.0 の溶液は強塩基性である。

解答

①×　このような物質を酸と呼びます。
②×　このような物質を塩基と呼びます。
③×　“赤に変わる”のは酸性です。
④○
⑤×　pHが7を超える場合は塩基性です。7に近いので弱塩基性といえます。
⑥×　pHが7未満なので酸性です。0に近いので強酸性といえます。

実践問題にChallenge！

問題1 酸と塩基の性質について，誤っているものはどれか。

(1) 酸性またはアルカリ性の度合いは，水素イオン指数（pH）で表せる。
(2) 酸と塩基が反応して塩と水ができる反応を中和という。
(3) 酸は，赤色リトマス紙を青に変え，塩基は青色リトマス紙を赤に変える。
(4) 酸とは，水に溶けて電離し，水素イオン H^+ を放出する物質をいう。あるいは，他の物質に H^+ を与えることができる物質をいう。
(5) 塩基とは，水に溶けて電離し，水酸化物イオン OH^- を放出する物質をいう。あるいは他の物質から水素イオン H^+ を受け取ることができる物質をいう。

解答 (3)　酸はリトマス紙を赤に変え，塩基はリトマス紙を青に変えます。

問題2 次に示す水素イオン指数で，塩基性でかつ中性に最も近いものはどれか。

(1) pH 2.1　(2) pH 3.2　(3) pH 6.9　(4) pH 7.2　(5) pH 12.5

解答 (4)　pH 7.0 が中性で，7.0 を超えると塩基性です。よって，pH 7.2 が最も中性に近い塩基性です。

問題3 酸の一般的な性質について，誤っているものはどれか。

(1) 全て酸素を含んだ化合物である。

(2) すっぱい味がする。

(3) 塩酸，硫酸などの酸と亜鉛が反応すると水素が生じる。

(4) 酸は水溶液中で電離して水素イオン（オキソニウムイオン）を生じる。

(5) 酸と塩基が中和すると塩と水が生じる。

解答 (1)　塩酸（HCl）など，酸素を含まない酸もあります。

問題4 水素イオン指数について，誤っているものはいくつあるか。

A：中性の水溶液の水素イオン指数は 7 である。

B：水素イオン指数が 1 に近い水溶液は，酸性の度合いが非常に強い。

C：水素イオン指数は pH という記号で表される。

D：水素イオン指数が大きいほど，水酸化物イオン濃度も増加する。

E：水酸化ナトリウム水溶液の水素イオン指数は 7 よりも小さい。

(1) 1 つ　(2) 2 つ　(3) 3 つ　(4) 4 つ　(5) 5 つ

解答 (1)　E のみが誤っています。水酸化ナトリウムは塩基性であるため，水溶液の水素イオン指数は 7 より大きいです。

2-6 酸化と還元

最重要 Point!

- 相対的に，酸素の割合が増えれば酸化，減れば還元と覚えよう
- 物質が酸素と化合する，水素を失う，電子を失うのは酸化反応
- 物質が酸素を失う，水素と結びつく，電子と結びつくのは還元反応
- 物質に酸素を供給するものを酸化剤，酸素を奪うものを還元剤という

1. 酸化と還元の定義

物質が酸素と化合することを酸化ということは，理解しやすいと思います。それ以外にも酸化と呼ばれるものがあります。考え方を次に示します。

重要　酸化と還元の判別法

酸化：酸素の占める比率が相対的に増える

還元：酸素の占める比率が相対的に減る

	結びつく	失う
酸　素	**酸　化**	還　元
水　素	還　元	**酸　化**
電　子	還　元	**酸　化**

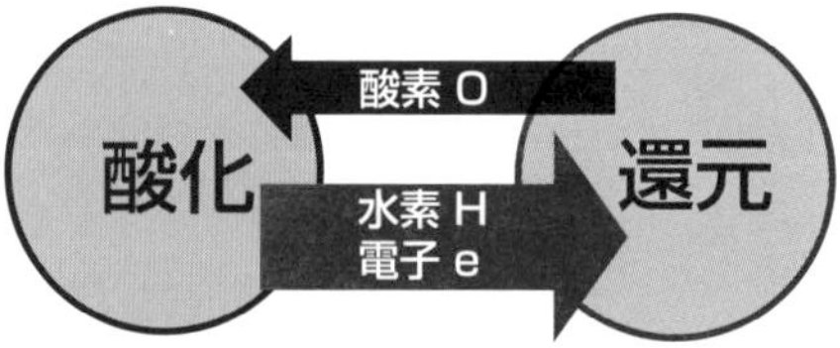

酸化と還元

以上のように，**水素や電子と結びつく**と，**還元**，逆に，**水素や電子を失う**と，**酸化**です。

相対的に酸素 O が占める割合が増えたら酸化，減ったら還元と覚えると判別しやすいでしょう。

2. 酸化還元反応

1つの化学反応においては，**酸化と還元が同時に進行します**。例えば，酸化銅 CuO と水素 H_2 が反応して銅 Cu と水 H_2O ができる反応では，CuO は還元され，H_2 は酸化されています。このようにして，酸化と還元が同時に起こるので**酸化還元反応**と呼びます。

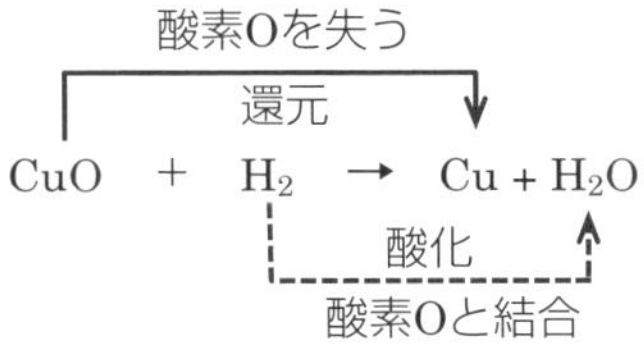

酸化還元反応

3. 酸化剤と還元剤

上で説明した，物質を**酸化させる作用を持つ**ものを**酸化剤**といいます。逆に，**還元する作用を持つ**ものを**還元剤**といいます。

重要

酸化剤：他の物質を**酸化させる**（酸素を供給する）物質のこと。つまり，酸化剤自身は還元される。

【例】 酸素 O_2，塩素酸カリウム $KClO_3$（第1類危険物），過酸化水素 H_2O_2（第6類），硝酸 HNO_3（第6類）

還元剤：他の物質を**還元させる**（酸素を奪う）物質のこと。

【例】 水素 H_2，一酸化炭素 CO，ナトリウム Na（第3類），カリウム K（第3類）

これだけ！で合格ライン突破！　合格力養成スピードテスト

①	［○・×］物質から酸素が奪われる反応は酸化反応である。
②	［○・×］物質から水素が奪われる反応は還元反応である。
③	［○・×］物質から電子が奪われる反応は酸化反応である。
④	［○・×］鉄が空気中でさびる反応は還元反応である。
⑤	［○・×］黄リンを一定条件で加熱したら，赤リンになった。これは酸化反応である。
⑥	［○・×］赤熱した炭素に触れた二酸化炭素が一酸化炭素になった。これは酸化反応である。
⑦	［○・×］1 つの反応で，酸化と還元が同時に進行することはない。

解答

①×　酸素が奪われているので，還元反応です。

②×　水素が奪われるのは酸化です。

③○　電子が奪われるのは酸化です。

④×　鉄が酸素と化合して酸化鉄になっていますので，酸化です。

⑤×　黄リンと赤リンは同素体です。酸素と結びついたり酸素を失ったりしているわけではありませんので，酸化でも還元でもありません。

⑥×　CO_2 が酸素 O を失って CO になっていますので，還元です。

⑦×　2 項「酸化還元反応」で示したように，酸化と還元が同時に進行することはあります。

実践問題に Challenge！

問題 1　酸化と還元について，誤っているものはどれか。

(1) 同一の反応系において，酸化と還元が同時に起こることはない。

(2) 物質が酸素を失うことを還元という。

(3) 化合物が水素を失うことを酸化という。

(4) 物質が酸素と化合することを酸化という。

(5) 物質が水素と化合することを還元という。

解答 (1) 同一の反応系において，酸化と還元は同時に進行します。

問題2 酸化と還元について，誤っているものはいくつあるか。

A：物質が電子を失うことを還元という。

B：物質が酸素を失うことを還元という。

C：物質が水素を失うことを酸化という。

D：物質が酸素と化合することを還元という。

E：物質が水素と化合することを還元という。

(1) 1つ (2) 2つ (3) 3つ (4) 4つ (5) 5つ

解答 (2) A，Dが誤った記述です。Aは電子を失っているので酸化，Dは酸素を受け取っているので酸化です。

問題3 次の反応のうち，下線部が還元されているものはどれか。

(1) エタノールが燃焼して二酸化炭素と水になった。

(2) 木炭が燃焼して二酸化炭素になった。

(3) 銅を加熱したら黒く変色した。

(4) 二酸化炭素が赤熱した炭素に触れて一酸化炭素になった。

(5) 黄リンが燃焼して五酸化二リンになった。

解答 (4) 二酸化炭素 CO_2 の酸素が奪われて一酸化炭素 CO になっているので，還元反応です。

問題4 酸化剤と還元剤について，誤っているものはどれか。

(1) 他の物質から酸素を奪う性質を持つもの…………酸化剤

(2) 他の物質によって還元される性質を持つもの……酸化剤

(3) 他の物質によって酸化される性質を持つもの……還元剤

(4) 他の物質から水素を奪う性質を持つもの…………酸化剤

(5) 他の物質に水素を与える性質を持つもの…………還元剤

解答 (1) 他の物質から酸素を奪っているため，その物質は還元されています。よって，(1) は還元剤です。

2-7 金属・イオン化傾向と腐食

最重要 Point!

- 金属の特徴を知っておこう
- 金属がさびやすい条件と具体例を知っておこう
- イオン化傾向が大きいほどさびやすい。イオン化列を覚えよう
- イオン化傾向が異なる金属同士を接続した場合，イオン化傾向が大きい金属が先に溶解し，イオン化傾向が高いほうの金属の腐食を防ぐ

1. 金属の一般的特徴

金属には，一般的に次の特徴があります。

❶ **電気**と**熱**をよく**伝える**。

❷ 金属独特の**光沢**（**金属光沢**）がある。

❸ **延性**，**展性**がある（伸ばしたり広げたりが可能）。

❹ **比重が 4 を超える**金属を**重金属**，**比重が 4 以下**の金属を**軽金属**（**アルミニウム，マグネシウムなど**）という。

❺ **水より軽い金属もある**（**ナトリウム Na**，**カリウム K**，**リチウム Li** など）。

❻ 粉末にした金属は，空気との接触面積が大きくなるため，燃焼しやすくなる。

2. イオン化傾向と腐食

金属が，水溶液中で**電子を放出して陽イオン**になろうとする傾向があることを**イオン化傾向**といいます。

金属をイオン化しやすい順に並べると次ページの表のようになります。これを，**イオン化列**と呼びます。語呂合わせでイオン化列を覚えておくと，異種金属を接合した際にどちらがさびやすいかなどが問われたときに容易に正答できます。

Li，**K**，**Ca**，**Na** などの**アルカリ金属はイオン化傾向が大きく**，**水や空気中で反応**します。**白金 Pt** や**金 Au** は**イオン化傾向が小さく**，**強い酸にも溶けにくい**です。**Pt** や **Au** は，**王水**（**濃塩酸と濃硝酸を体積比 3：1 で混合した液体**）によって**溶けます**。

「**塩酸**，**硝酸などの酸に溶けない物質はどれか？**」という問題が出題されたら，**イオン化傾向が小さいものが正解**だといえます。

イオン化列と反応性表記

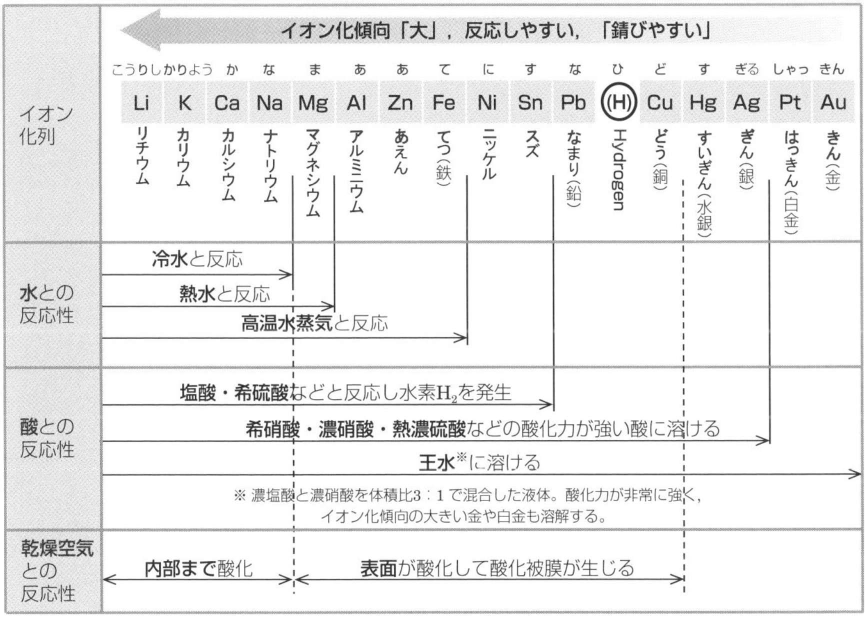

重要 **イオン化しやすい金属ほど腐食しやすい**

例えば，異なる金属を接続すると，**イオン化傾向の大きい金属が先に腐食**します。つまり，**イオン化傾向の小さい側の金属の腐食が防止**されます。

重要 **異なる金属との接合によるさび防止の例：トタン屋根のさび防止**

トタンとは，鋼板（主成分は鉄）に亜鉛めっきを施した板です。亜鉛のほうが鉄よりもイオン化傾向が大きいため，亜鉛が先に酸化し，鉄の酸化が抑えられます。加えて，亜鉛は酸化しても鉄のようにボロボロにはなりにくいため，結果的に鋼板に比べて長持ちします。

3. 金属が腐食しやすい条件

金属が腐食しやすい条件は出題されやすいので，しっかり覚えましょう。

重要　金属が腐食しやすい条件：出やすい！

水分が多い［例：湿った土壌，湿度が高い大気など］
塩分が多い［例：海砂など］
酸性の**強い土壌**
中性化が進んだ**コンクリート**（正常なコンクリートは強アルカリ性）
異種金属が接合している場所
迷走電流が流れている土壌［例：直流電気鉄道の近く］
土壌の質が異なる場所にまたがって金属配管などを設置したとき

4. 炎色反応

アルカリ金属およびアルカリ土類金属を火炎にさらすと，それぞれの元素に特有の色を伴った発光が起こります。これを**炎色反応**といいます。代表的な炎色反応を次の表にまとめます。

代表的な炎色反応

アルカリ金属			アルカリ土類金属			※
Li	Na	K	Ca	Sr	Ba	Cu(銅)
赤	黄	赤紫	橙赤	紅	黄緑	青緑

※　銅はアルカリ金属・アルカリ土類金属ではありませんが，炎色反応を示します。

5. 電池の起電力

危険物試験では，代表的な電池の起電力の大小関係が問われることがあります。以下に示す身近な電池の名称と起電力の大小関係を知っておきましょう。

リチウムイオン電池	＞	鉛蓄電池	＞	マンガン乾電池 アルカリマンガン乾電池	＞	ニッケル水素電池 ニッケルカドニウム電池
約４Ｖ		約２Ｖ		約 1.5 Ｖ		約 1.2 Ｖ

実用電池の起電力

これだけ！で合格ライン突破！

合格力養成 スピードテスト

①	［○・×］海砂で金属タンクを埋めると，タンクが腐食しやすくなる。
②	［○・×］強アルカリ性のコンクリート中では，金属は急速に腐食する。
③	［○・×］鉄と銅を接触させることで鉄の腐食が抑制される。
④	［○・×］乾燥した土と湿った土の境に配管を設置するとさびにくくなる。
⑤	［○・×］直流電気鉄道付近など，迷走電流の多い土壌では金属が腐食しにくい。
⑥	［○・×］ナトリウムは黄緑色の炎色反応を示す。
⑦	（ア）鉛電池，（イ）ニッケル水素電池，（ウ）リチウムイオン電池，（エ）アルカリマンガン乾電池，の起電力を大きい順に並べると，［（　）＞（　）＞（　）＞（　）］である。

解答

①○　塩分で腐食が促進されます。

②×　正常なコンクリートは強アルカリ性です。中性化が進んだコンクリートの場合，金属が腐食しやすくなります。

③×　銅よりもイオン化傾向が大きい鉄が腐食しやすくなります。イオン化列を覚えておきましょう。

④×　さびやすくなります。乾燥した土だけの場所に埋没するのが理想です。

⑤×　迷走電流により，金属が腐食しやすくなります。

⑥×　ナトリウムは黄色の炎色反応を示します。

⑦（ウ）＞（ア）＞（エ）＞（イ）

実践問題にChallenge!

問題1 金属の性質として誤っているものはどれか。

(1) 金属は燃焼しない。

(2) 金属の中には水より比重が小さいものがある。

(3) イオン化のしやすさは金属の種類によって異なる。

(4) 比重が4以下の金属を軽金属という。

(5) 希硫酸と反応しない金属もある。

解答 (1)　鉄粉，アルミニウム粉，マグネシウムなど，金属の中には，燃焼するものが多くあります。

(2) リチウム，カリウム，ナトリウムは比重が1未満で水よりも軽いです。

(3) イオン化列の表に示したとおり，金属の種類によってイオン化のしやすさが異なります。

(4) アルミニウム，マグネシウムなどが該当します。

(5) 白金や金は希硫酸には溶けません（王水であれば溶けます）。

問題2 地中に埋設された金属配管を電気化学的な腐食から守るために，配管に異種金属を接続する方法がある．配管が鋼（鉄）製の場合，接続すると腐食を防ぐ効果のあるものはいくつあるか。

A：マグネシウム　　B：亜鉛　　C：銅　　D：銀

E：アルミニウム　　F：鉛　　G：スズ　　H：ニッケル

(1) 1つ　　(2) 2つ　　(3) 3つ　　(4) 4つ　　(5) 5つ

解答 (3)　A，B，Eの3つが該当します。これらは鉄Feよりもイオン化傾向が大きく，鉄と接続すると鉄よりも先に腐食するので，鉄の腐食が抑えられます。このような問題が出た際には，イオン化列を覚えておけば対応できます。

問題3 鋼製の配管を埋設した場合，最も腐食しにくい状況はどれか。

(1) 土壌中とコンクリート中にまたがって埋設されている。

(2) エポキシ樹脂塗料に完全に被覆されて土壌に埋設されている。

(3) 直流電気鉄道のレールに近接した土壌に埋設されている。

(4) 乾いた土壌と湿った土壌の境目に埋設されている。

(5) 土壌埋設配管がコンクリート中の鉄筋に接触している。

解答 (2)　(2) 以外はいずれも金属が腐食しやすい条件です。

問題4 黄色の炎色反応を示すアルカリ金属は次のうちどれか。

(1) バリウム

(2) リチウム

(3) ストロンチウム

(4) ナトリウム

(5) カルシウム

解答 (4)　黄色の炎色反応を示すのはナトリウムです。なお，バリウムは黄緑，リチウムは赤，ストロンチウムは紅，カルシウムは橙赤の炎色反応を示します。

問題5 金属には，塩酸に溶けて水素を発生するものが多い。次のうち，塩酸に溶けないものはどれか。

(1) 白金

(2) アルミニウム

(3) 亜鉛

(4) 鉄

(5) ニッケル

解答 (1)　白金は塩酸に溶けません（王水には溶けます）。

2-8 有機化合物

最重要 Point!

- 有機化合物の特徴的な性質を知っておこう
- 各種官能基と具体的な化合物名を知っておこう
- 炭化水素が完全燃焼すると二酸化炭素 CO_2 と水 H_2O になる。一酸化炭素 CO は，不完全燃焼のときに生成量が増大する
- 有機化合物には多くの構造異性体が存在し，その反応機構は複雑
  有機化合物は一般に水に溶けにくく，有機溶剤によく溶ける

1. 有機化合物とは

❶ **炭素 C が主体となる化合物を有機化合物**といいます（ただし，**二酸化炭素 CO_2，一酸化炭素 CO などは除きます**）。主成分は**炭素 C**，**水素 H** で，**酸素 O** を含むものも多くあります。また，**窒素 N** や**硫黄 S** を含む化合物もあります。

❷ ［**主な構造**］

鎖式化合物：炭素 C が**鎖状**につながった構造のもの

環式化合物：炭素 C が**環状**につながった構造のもの

　芳香族化合物：ベンゼンなどのように，ベンゼン環構造をもつもの

　脂環式化合物：芳香族以外の環式化合物

❸ ［**結合の仕方**］

飽和化合物：分子内の結合がすべて単結合のもの

不飽和化合物：分子内に二重結合や三重結合をもつもの

❹ ［**炭化水素とは**］：特に，**炭素 C と水素 H** からなる**有機化合物**を**炭化水素**（C_mH_n）といいます。

2. 官能基

有機化合物の特性は，炭素に結合する特徴的な**原子団**（**官能基**という）によって特徴づけられることが多くあります。代表的な官能基を次ページの表に記します。

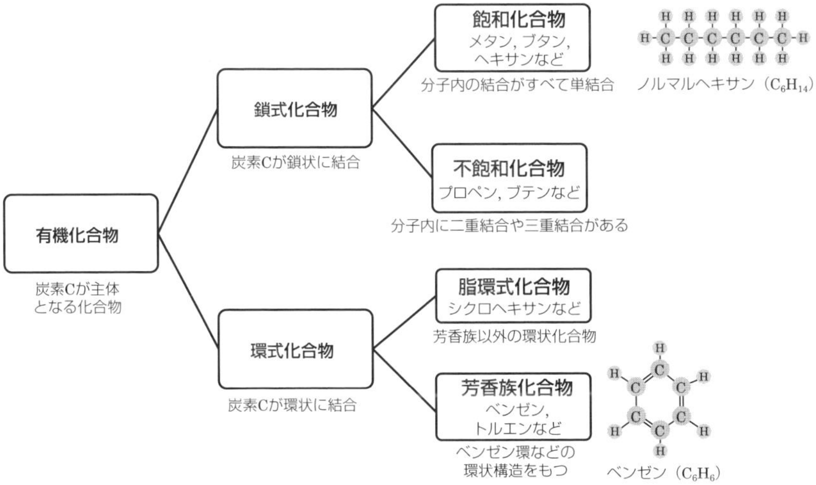

構造による有機化合物の分類

官能基による有機化合物の分類

官能基	構造	一般名	具体的な有機化合物の例
ヒドロキシ基 ヒドロキシ(ル)基	-OH	アルコール	メタノール(CH_3OH)など
		フェノール類	フェノール(C_6H_5OH)
カルボニル基	-CO	ケトン類	アセトンCH_3COCH_3など
アルデヒド基	-CHO	アルデヒド	アセトアルデヒド(CH_3CHO)など
カルボキシ(ル)基	-COOH	カルボン酸	酢酸(CH_3COOH)など
ニトロ基	$-NO_2$	ニトロ化合物	ニトロベンゼン($C_6H_5NO_2$)など
アミノ基	$-NH_2$	アミン	アニリン($C_6H_5NH_2$)など

3. アルコール

炭化水素 C_mH_n の H がヒドロキシ基（OH）に置き換わったものを**アルコール**といいます。**メタノール**，**エタノール**などの**第 1 級アルコール**※1 **が酸化**されると**アルデヒド**になります。アルデヒドがさらに酸化されると，**カルボン酸**になります。

※1　OH が結合している C の部分に結合している炭素が 0 または 1 つのアルコール。

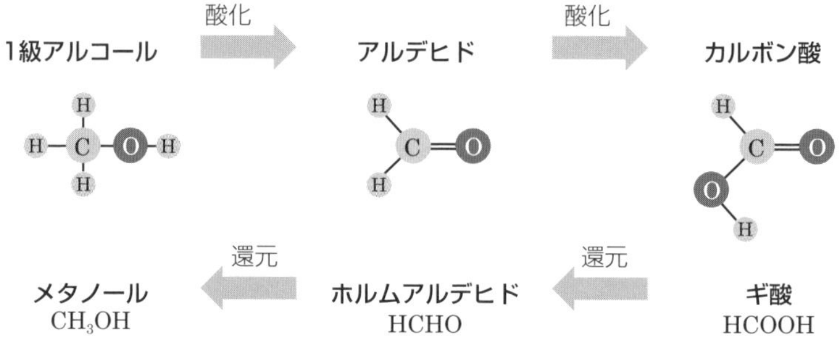

1級アルコールの酸化

4. アルデヒド

アルデヒド基（-CHO）をもつ化合物。**第一級アルコールの酸化**で生じ，自らは**還元性**を有します。

【例】 アセトアルデヒド CH_3CHO（第4類 特殊引火物）

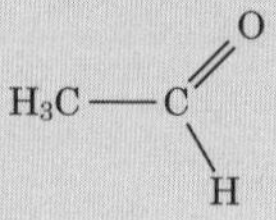

5. エーテル

酸素原子に2つの炭化水素基 R が結合（R-O-R）した化合物です。

【例】 ジエチルエーテル $C_2H_5OC_2H_5$（第4類 特殊引火物）

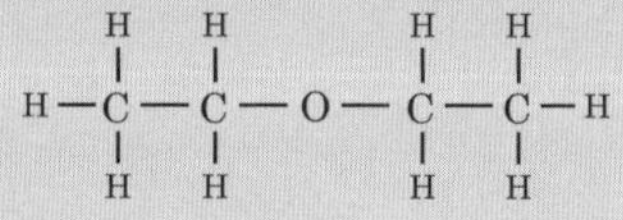

6. カルボン酸

カルボキシル基（-COOH）をもつ化合物で，**弱酸性**を示します。

【例】酢酸 CH_3COOH（飽和一価カルボン酸）

7. フェノール

ベンゼンのHがヒドロキシル基(-OH)に置き換えられた化合物です。アルコールは中性なのに対して，フェノールは弱酸性です。

【例】フェノール C_6H_5OH

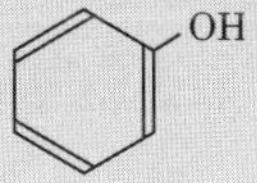

8. エステル

カルボン酸とアルコールから水が取れて結合し，エステルが生成されます。このような反応をエステル化と呼びます。

9. ニトロ化合物

炭化水素の水素原子がニトロ基（$-NO_2$）に置き換わったものです。

【例】ニトロベンゼン $C_6H_5NO_2$

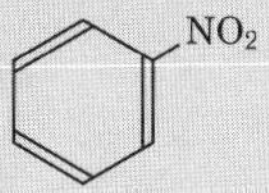

10. 有機化合物の重要な性質まとめ

次に，試験で問われやすい重要事項を示します。

重要

❶ 主に，**炭素C**と**水素H**のほか，**酸素O**，**窒素N**などから構成される
❷ **水に溶けない**ものが多い（溶けるものもある）が，**有機溶剤**（アルコールなど）には**溶けやすい**
❸ 可燃性で完全燃焼すると，**二酸化炭素CO_2と水H_2O**になる
❹ 蒸発または分解して生じた可燃性ガスが**炎をあげて燃焼**することが多い
❺ **不完全燃焼**をすると有毒な**一酸化炭素CO**を生じる
❻ **空気不足**で燃焼させると，発生するすすの量が多くなる
❼ すすなどの炭素粒子が生じる条件で燃焼すると，**炭素粒子の発光**による輝炎を生じる
❽ 一般に，**静電気を蓄積しやすい**（電気の不良導体のため）
❾ CやHの数，組合せ，構造の違いにより，**種類は極めて多い**
❿ 反応速度が**遅い**ものが多く，その**反応機構は複雑**である
⓫ 一般に融点や沸点が低く，固体で存在するものは少ない

これだけ！で合格ライン突破！　合格力養成**スピード**テスト

①	［○・×］有機化合物の多くは水と有機溶剤によく溶ける。
②	［○・×］炭化水素はHとCから構成され，化合物の種類は少ない。
③	［○・×］炭化水素の構成原子はHとCのため，その反応機構は単純である。
④	［○・×］炭化水素が完全燃焼すると，一酸化炭素と水を生じる。
⑤	［○・×］第1級アルコールを酸化するとアルデヒドが生成する。
⑥	［○・×］酢酸はカルボニル基を含んでいる。
⑦	［○・×］アセトンはカルボキシ基を含んでいる。

⑧	［○・×］エタノールはヒドロキシ基を含んでいる。
⑨	［○・×］不完全燃焼をすると，発生する二酸化炭素の量が多くなる。
⑩	［○・×］空気の量が少ないと，すすの発生量が多くなる。

解答

①× 多くは有機溶剤には溶けますが，水には溶けないものが多いです。

②× 構成元素CとHの数や結合の組合せにより，膨大な種類があります。

③× ②と同じ理由で，膨大な種類があるので，反応機構は複雑です。

④× 完全燃焼すると二酸化炭素 CO_2 と水 H_2O を生じます。

⑤○ アルデヒドがさらに酸化されるとカルボン酸になります。

⑥× 酢酸はカルボキシル基 -COOH を含んでいます。

⑦× アセトンはカルボニル基 -CO を含んでいます。

⑧○ エタノールなどのアルコール類はヒドロキシ基 -OH を含んでいます。

⑨× 不完全燃焼をすると一酸化炭素 CO の発生量が増え，その分二酸化炭素の発生量は減ります。

⑩○

実践問題に Challenge!

問題1 有機化合物の一般的説明について，正しいものはどれか。

(1) 燃焼すると，二酸化炭素と水を生ずる。

(2) 水に溶けるものが多い。

(3) 無機化合物に比べて，種類が少ない。

(4) 一般に反応速度は大きく，その反応機構は単純である。

(5) 無機化合物に比べて融点が高いものが多い。

解答 (1) 有機化合物を構成する原子のほとんどはCとHであるため，完全燃焼時の生成物は，ほとんどが二酸化炭素 CO_2 と水 H_2O です。

問題2 有機化合物に関する説明として，誤っているものはどれか。

(1) 同じ分子式をもつアルコールとエーテルは互いに異性体である。

(2) アルコールとカルボン酸が縮合するとエステルが生じる。

(3) アルデヒドは強い酸化性を有する。

(4) カルボン酸は水溶液中でわずかに電離し，弱酸性を示す。

(5) 第1級アルコールが酸化するとアルデヒドが生じる。

解答 (3)　アルデヒドは還元性を有します。

問題3 有機化合物に関する説明として，誤っているものはどれか。

(1) 一般に，融点および沸点が低いものが多い。

(2) 一般に可燃性であり，燃焼すると主に一酸化炭素と水を生じる。

(3) 主成分は炭素と水素であるが，その他に酸素，窒素，硫黄などを含むものもある。

(4) 水に溶けにくく，有機溶剤に溶けやすいものが多い。

(5) 一般に，炭素が共有結合をした構造をしており，鎖状や環状の構造をとる。

解答 (2)　有機化合物が燃焼すると，主に二酸化炭素と水を生じます。一酸化炭素が生じるのは，不完全燃焼を起こした場合です。

問題4 次の示性式で表される化合物の名称として正しいものはどれか。

CH_3COOH

(1) キシレン

(2) 酢酸

(3) アニリン

(4) アセトン

(5) トルエン

解答 (2)　酢酸はカルボキシル基（-COOH）を持つ飽和一価のカルボン酸です。

第3章

燃焼と消火法

3章の動画はここから！

3-1 燃焼の三要素と消火法

最重要 Point!

- 燃焼とは，「熱と光を伴う急激な酸化反応」
- 燃焼の三要素「可燃物・酸化剤・熱源」がすべてそろうと燃焼する
- 燃焼の三要素のうち1つでも欠けると燃焼しない。つまり，消火できる
- 可燃物を取り去って消火する方法を「除去消火」と呼ぶ
- 酸化剤を取り去って消火する方法を「窒息消火」と呼ぶ
- 熱源を取り去って消火する方法を「冷却消火」と呼ぶ
- 化学反応を抑制することで消火する方法を「負触媒（抑制）消火」と呼ぶ

1. 燃焼の定義

燃焼とは，発**熱**と発**光**を伴う急激な**酸化反応**のことです。そのため，次のような現象は，燃焼とはいいません。

【例 1】 鉄がさびて酸化鉄になるのは酸化反応ですが，「発熱や発光を伴った急激な酸化反応」ではありません。よって，燃焼ではありません。

【例 2】 窒素と酸素が化合して一酸化二窒素 N_2O になるのは酸化反応ですが，この反応は「吸熱反応」なので燃焼ではありません。

炭素 C と水素 H からなる**炭化水素**が**完全燃焼**すると，**二酸化炭素 CO_2** と**水 H_2O** が生じます。炭化水素が**不完全燃焼**をすると，二酸化炭素になれなかった**一酸化炭素 CO** が発生します。

2. 燃焼の三要素と消火法

燃焼は，次の**三要素**がそろうと生じます。

1. **可燃物**：**ガソリン**，**灯油**，**軽油**，**アルコール**，**木材**など
2. **酸化剤**：空気（酸素 O_2），酸化性固体（第1類），酸化性液体（第6類）など
3. **熱源**（**点火源**）：加熱，火種，電気火花，圧縮など

酸化剤は，空気中の酸素のほか，酸化性固体や酸化性液体などの酸素供給源になる物質も該当します。また，第5類の危険物（自己反応性物質）のように，分

子内に酸素を含むものもあります。そのため，第５類の危険物は可燃物と酸化剤の両方を一緒にもっている危険物だといえます。よって，第５類の危険物は熱源を与えれば燃焼の三要素がそろって燃焼します。

空気中の**酸素の濃度は約 21％**です。可燃物に空気中の酸素が供給されて燃焼している場合，**酸素の濃度が低くなると反応速度や燃焼速度が低下**し，やがて燃焼が継続できなくなります。例えば，ガソリン，灯油などの石油の燃焼に対して二酸化炭素を供給すると，**酸素濃度が 14 ～ 15％以下になると消火**します（窒素の場合 10 ～ 12％以下）。このように，**窒息消火する際には酸素濃度を０％にしなくても消火**できます。

熱源は，燃焼反応の開始に必要なエネルギーと燃焼の継続に必要なエネルギーを与えるもので，**裸火**，**火花**（**静電気**，摩擦や**衝撃**），**酸化熱**などが該当します。熱源は，**燃焼反応を開始するために十分なエネルギーを持つ**必要があります。そのため，以下のようなものは，一般に**熱源にはなりません**。

重要　**熱源にならないものの例**

水などの**融解熱**や**凝縮熱**，**放射線**，**磁力**，**赤外線**など

重要　燃焼の**三要素のうち１つでも欠ければ**燃焼しません。
つまり**消火**できます。

燃焼の三要素に対応して，

可燃物を取り去って消火する方法　⇒「**除去消火**」
酸化剤を遮断することで消火する方法⇒「**窒息消火**」
熱源を取り去って消火する方法　⇒「**冷却消火**」

以上の３つに対して，次の負触媒（抑制）消火を加えて消火の四要素と呼ばれる場合もあります。

化学反応を抑制することで，結果的に熱を取り去って消火する方法
⇒「**負触媒消火**（**抑制消火**）」

燃焼の三要素と消火法

	特　徴	具体例
除去消火	「**可燃物**」を**除去**する	・ろうそくを吹き消す ・ガスの栓を閉める
窒息消火	「**酸化剤**（酸素）」を**遮断**する	・火炎にふたをする ・砂をかける ・不活性ガス（CO_2など）で覆う
冷却消火	「**熱源**」を**遮断**する	・水をかける
負触媒消火 （**抑制消火**）	化学**反応**（熱）を**抑制**し， 結果的に「**熱源**」を**遮断**する	・ハロゲン化物消火剤で消火

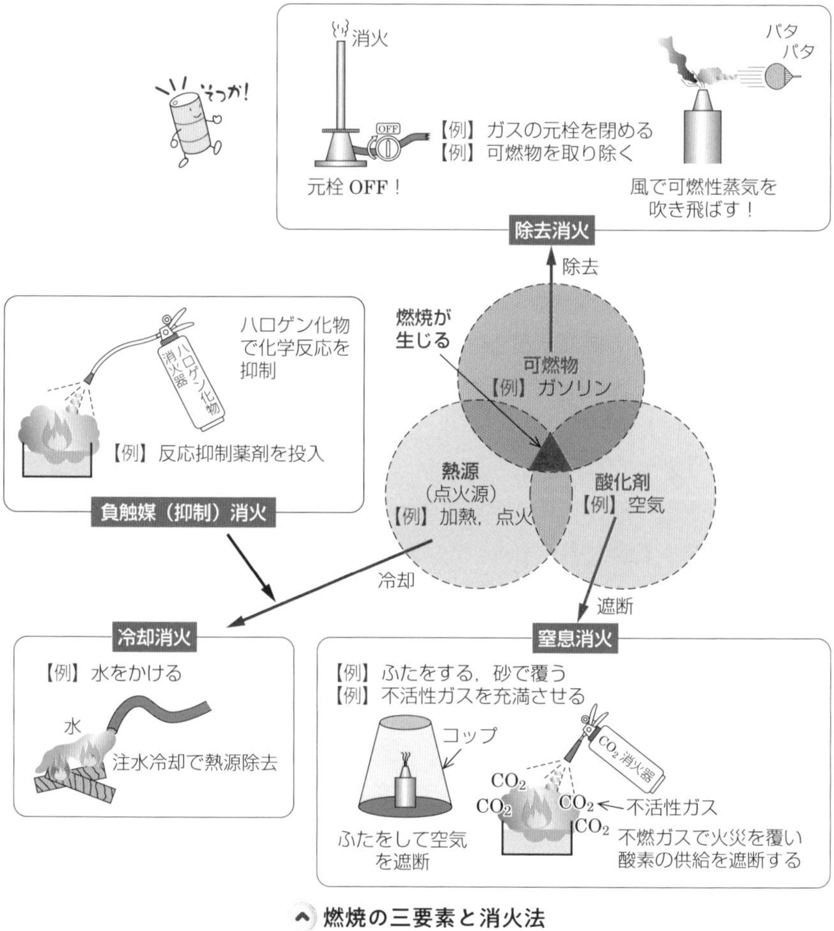

燃焼の三要素と消火法

燃える対象である「可燃物」がなければ当然燃焼しません。可燃物があったとしても,酸化剤がなければ燃焼は起こりません。可燃物と酸化剤がある場合でも,熱源がないと燃焼が起こりません。

除去消火：可燃物そのものを除去する消火法

可燃物が燃焼している場合，可燃物自体の供給源を絶ってしまえば，消火できます。次に，除去消火の例をあげます。

❶ 森林火災が広がらないように，延焼する恐れがある領域の樹木を伐採する。

❷ ろうそくに風を吹きかけて消す（ろうそくの芯から蒸発し形成される可燃性ガスを吹き飛ばして（除去して），可燃性の混合気の発生を防ぐ）。

❸ ガスパイプラインの損傷からガスが漏洩《えい》し火災が発生したため，ガスを供給する元栓を閉じてガスの供給を遮断する。

森林火災の鎮火後の様子，延焼を防ぐため樹木を伐採したと考えられる痕跡が残る
（写真撮影：2022年8月アメリカ・カリフォルニア州，ヨセミテ国立公園付近）

窒息消火：酸化剤の供給を遮断する消火法

可燃物は酸化剤がないと燃焼しないため，酸化剤の供給を遮断すれば消火できます。以下に，窒息消火の例を示します。

❶ ガソリンが空気中で燃焼したため，二酸化炭素消火剤で火炎を覆って消火する。
❷ アルコールに引火したため，ぬれた布巾《ふきん》を被《かぶ》せて消火する。
❸ フライパンから炎が上がったため，ふたをして消火する。
❹ 金属粉が燃焼をしたため，乾燥した砂で覆って消火する。

冷却消火：冷却して熱源から熱を奪う消火法

例えば，木造家屋で火災が発生した場合，木材が炎を上げて燃焼します。このとき，木材は加熱によって内部から可燃性ガスを放出し，それが周囲の空気と混合して燃焼しています。そのため，木材からガスが分解しないよう冷却することで，可燃性ガスの放出が抑えられ，消火できます。以下に，冷却消火の例をあげます。

- たき火に水をかけて消火する。

抑制(負触媒)消火：燃焼が継続できなくなるように化学反応を抑制する消火法

化学反応を起こす際の，必要最低限のエネルギーを**活性化エネルギー**と呼びます。触媒は，この活性化エネルギーを低下させることで，化学反応の進行速度を高める役割をもっています。

一方，抑制消火は，触媒の働きによる化学反応の進行速度を抑えて負の触媒効果を利用するため，**負触媒消火**とも呼ばれます。抑制（負触媒）消火は，化学反応を抑制することで，結果的に熱の供給を絶つものと考えることができます。燃焼の三要素に対して抑制消火を加えたものを，**消火の四要素**と呼ぶ場合もあります。

これだけ！で合格ライン突破！

合格力養成スピードテスト

①	[○・×] 燃焼とは，光と音を伴う還元反応のことをいう。
②	[A] と [B] と [C] を燃焼の三要素という。この三要素がそろわなければ燃焼は起こらない。
③	[○・×] 静電気は着火源になる。
④	[○・×] 水の融解熱は着火源になる。
⑤	[○・×] 空気とヘリウムと電気火花により，燃焼が起こるおそれがある。
⑥	[○・×] 可燃物の燃焼には，必ず空気が必要である。
⑦	熱の供給源を取り除くことによる消火法を [　] 消火という。
⑧	[○・×] ハロゲン化物消火剤は，除去消火を利用している。
⑨	[○・×] 空気中の酸素濃度を0%にしなければ，窒息消火はできない。
⑩	[○・×] 二酸化炭素消火剤などの不活性ガスによる消火は，分子内に酸素を含有する危険物による火災の消火に有効である。

解答

①×　光と熱を伴う酸化反応です。

②A：可燃物，B：酸化剤，C：熱源（点火源）（順不同で可）

③○　静電気により局所的に高温部位が作られ，引火が起こり得ます。

④×　水の融解は0℃で起こります。このような低温下で発する熱では着火源になりません。

⑤×　燃焼の三要素を考えます。酸化剤（空気）と熱源（電気火花）はありますが，ヘリウムは不燃物なので可燃物がそろっていません。

⑥×　酸化剤は空気とは限りません。例えば，第5類（自己反応性物質）は分子内に酸素をもっているので，空気がなくても燃焼します。可燃物が第1類（酸化性固体）または第6類（酸化性液体）と混合していれば，それらから酸素が供給されるので空気がなくても燃焼します。

⑦冷却

⑧×　ハロゲン化物消火剤は主に負触媒（抑制）消火で消す消火剤です。

⑨×　0%にしなくても，ある濃度以下になれば消火します。

⑩×　窒息消火による消火剤は，分子内に酸化剤を持っている危険物の消火には効果がありません。

実践問題に Challenge!

問題1 燃焼について，誤っているものはどれか。

(1) 物質の燃焼に必要な酸素供給源は空気であり，物質自身に含まれている酸素では燃焼は起こらない。

(2) 可燃物が燃焼すると，より安定な酸化物に変化する。

(3) 燃焼とは，熱と光の発生を伴う急激な酸化反応である。

(4) 有機化合物の燃焼において，酸素が不足すると一酸化炭素やすすなどが生じ，不完全燃焼になる。

(5) 燃焼には，可燃物と酸素供給源に加えて，反応を開始するための点火源（熱源）が必要である。

解答 (1)　分子内に含まれている酸素も酸素供給源になります。そのため，分子内に酸素をもっている第5類危険物（自己反応性物質）は，外部から酸素を供給しなくても自己燃焼します。

問題2 次の文章の空欄に当てはまる語句の組合せはどれか。

「燃焼は，[A]の発生を伴う[B]反応である．炭化水素が燃焼する際，酸素の供給が不足すると，[C]，すすなどの発生割合が増加する。」

	[A]	[B]	[C]
(1)	熱と光	還元	二酸化炭素
(2)	熱と光	酸化	二酸化炭素
(3)	煙と炎	中和	一酸化炭素
(4)	熱と光	酸化	一酸化炭素
(5)	煙と炎	還元	二酸化炭素

解答 (4)　燃焼は熱と光を伴う酸化反応で，炭化水素が不完全燃焼をした場合一酸化炭素 CO が生じます。

問題3 次のうち，燃焼が起こる条件を満たしているものはいくつあるか。

A：亜鉛粉…………水素……磁力線

B：二酸化炭素……酸素……電気火花

C：二硫化炭素……空気……電気火花

D：水………………酸素……直射日光

E：ガソリン………空気……放射線

(1) 1つ　(2) 2つ　(3) 3つ　(4) 4つ　(5) 5つ

解答 (1)　Cのみ，燃焼の三要素がそろっています。

A：酸化剤と熱源がない（磁力は熱源にならない）。

B：可燃物がない。

D：可燃物と熱源がない（直射日光は一般に熱源ではない）。

E：熱源がない（放射線は熱源にならない）。

問題4 燃焼に関する一般的説明で，誤っているものはどれか。

(1) 静電気による放電火花や金属の衝撃に伴う火花は，点火源になる。

(2) 気化熱や融解熱は，点火源になる。

(3) 可燃物，酸素供給源，点火源を燃焼の三要素という。

(4) 二酸化炭素は不燃物である。

(5) 酸素供給源は，必ずしも空気とは限らない。

解答 (2)　気化熱や融解熱は，通常十分な高温場をもたらさないため，熱源にはなりません。

3-2 危険物の燃焼形態

最重要 Point!

- 蒸発燃焼：第4類の危険物，ナフタリン，硫黄など
- 分解燃焼：木材，石炭，プラスチックなど
- 内部燃焼：ニトロセルロース，セルロイドなど
- 表面燃焼：木炭，コークス，金属粉など
- 炭化水素が完全燃焼すると二酸化炭素 CO_2 と水 H_2O になる。不完全燃焼すると有毒で可燃性の一酸化炭素 CO が生じる

1. 燃焼の仕方

蒸発燃焼

液体や固体から**蒸発**（または**昇華**）した**可燃蒸気が空気と混合して燃焼**する形態を**蒸発燃焼**といいます。

・**ガソリン**，**アルコール**，**灯油**などの**第4類**の危険物の燃焼。

・**ナフタリン**，**硫黄**など固体が昇華して可燃性蒸気を作って燃える場合も蒸発燃焼に属します（**昇華燃焼とはいいません！**）。

分解燃焼

加熱された**可燃物から分解して生じた可燃ガス**が燃焼することを**分解燃焼**といいます。

・**木材**や**石炭**や**プラスチック**の燃焼（木材や石炭から**可燃性ガスが放出され燃焼**します）

重要 **ニトロセルロース**，**セルロイドも分解燃焼**ですが，これらは内部に含まれる酸素を用いて燃焼するので，**内部（自己）燃焼**といいます。

表面燃焼

可燃物の**表面のみが燃焼**する現象を**表面燃焼**といいます。

・**木炭**，**コークス**（加熱しても，**内部から分解する可燃ガス成分はありません**。そのため，**表面の炭素 C などが燃焼**します）。

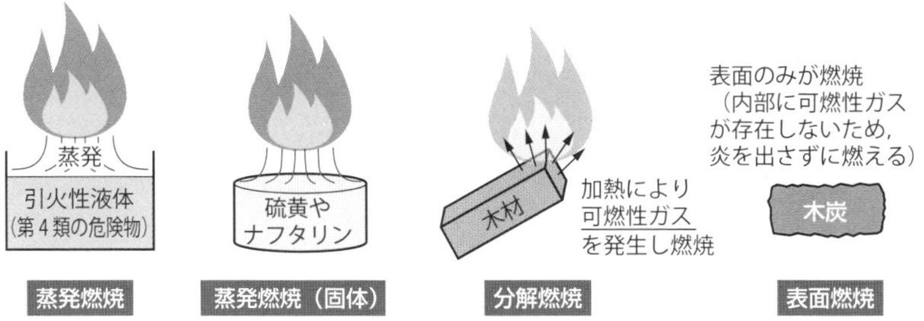

蒸発燃焼・分解燃焼・表面燃焼

無炎燃焼

燃焼時に火炎の発生を伴わない燃焼のことを**無炎燃焼**といいます。一般に，固体が酸素不足で燃焼している際に起こります。多量の煙と，一酸化炭素の発生を伴う恐れがあります。また，十分な酸素が供給されると，炎を伴う有炎燃焼に移行する場合があります。一見すると消火したように見えるものが再燃焼するという意味で，十分な注意が必要です。

粉じん爆発

可燃性の粉末や，固体の微粒子が空気中に充満している際，ある条件下で何らかの火種により着火し，爆発的な燃焼を起こすことを**粉じん爆発**といいます。下の表に粉じん爆発が起こりやすい条件をまとめます。

摘　要	条　件
粒子のサイズ	**細かい**ほうが起きやすい
粉じんの濃度	粉じんの爆発が起こる**一定の濃度範囲**が存在する
空気と粉じんの混合状態	よく**混ざっている**ときに起きやすい

2. 予混合燃焼と拡散燃焼

予混合燃焼

燃料などの**可燃性ガス**と**空気**（酸化剤）が**あらかじめ混合**した状態で燃焼する形態を**予混合燃焼**といいます。

拡散燃焼

可燃性ガスと空気が**別々に供給**され，**混合しながら燃焼**する形態を**拡散燃焼**といいます。

代表例を次に示します。

【例】予混合燃焼：ガソリンエンジンの燃焼，漏えいガスの爆発現象など
　　　拡散燃焼：　ディーゼルエンジンの燃焼，ろうそくの燃焼など

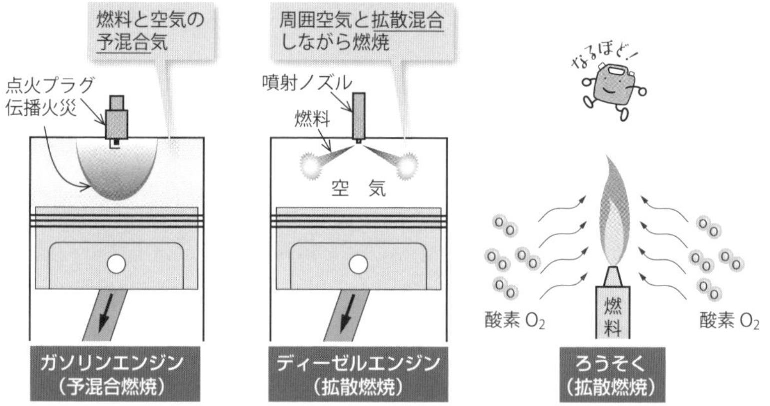

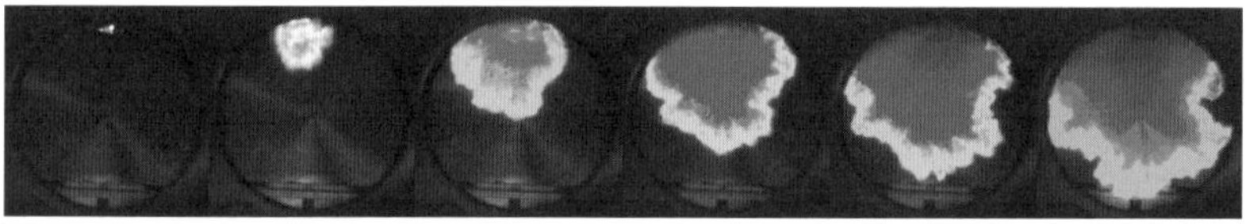

ガソリンエンジンの燃焼火炎（ハイスピードカメラによる高速度撮影）

予混合燃焼と拡散燃焼

3. 完全燃焼と不完全燃焼

炭化水素は**炭素** C と**水素** H の**化合物**です。つまり，**完全燃焼すると二酸化炭素 CO_2 と水 H_2O** になります。特に，**酸素不足の場合は，炭素 C の一部が CO_2 になれずに不完全燃焼し，一酸化炭素 CO が生成**されます。**CO** は，吸入すると一酸化炭素中毒を起こす，人体にとって**有害**な物質です。**一酸化炭素は燃焼して CO_2 になります**（CO_2 は不燃性ですが，**CO は可燃性**です）。

重要

炭化水素が完全燃焼　⇒　**二酸化炭素 CO_2 と水 H_2O** が生成
炭化水素が不完全燃焼　⇒　人体に有毒な**一酸化炭素 CO** が発生

知っておくべき CO と CO_2 の特性比較を次の表に示します。

一酸化炭素 CO と二酸化炭素 CO_2 の比較

特性＼ガス種	一酸化炭素CO	二酸化炭素CO_2
燃焼性	**燃える**	燃えない
毒性	**有害（CO中毒）**	人体に直接は無害
水溶性	ほとんど溶けない	よく溶ける
液化	困難	容易

これだけ！で合格ライン突破！　合格力養成 スピード テスト

①	［○・×］ガソリンの液面に火種を近づけると燃焼する。これを表面燃焼という。
②	［○・×］木材や石炭の燃焼は，表面燃焼に分類できる。
③	［○・×］木炭やコークスや金属粉の燃焼は分解燃焼に分類できる。
④	［○・×］硫黄やナフタリンは，加熱により融解ならびに蒸気を生成し，蒸発燃焼を起こす。
⑤	［○・×］ニトロセルロースやセルロイドは，内部に含む酸素により燃焼する。これを直接燃焼と呼ぶ。
⑥	［○・×］一酸化炭素は人体には無害であるが，地球環境には有害である。
⑦	［○・×］一酸化炭素は不燃性物質である。
⑧	［○・×］可燃性ガスと空気があらかじめ混合した状態で燃焼することを拡散燃焼と呼ぶ。
⑨	［○・×］粉じん爆発は，急速に完全な燃焼が行われるため，一酸化炭素は発生しにくい。

解答

①×　蒸発燃焼といいます。蒸発したガソリンの蒸気が，周囲の空気と混合し燃焼しています。

②×　木材や石炭は，加熱により内部から可燃性ガスが分解・放出し，その可燃性ガスが燃焼します。これを分解燃焼といいます。

③×　木炭，コークス，金属は，内部から可燃性ガスが生じずに表面のみが燃焼するので，表面燃焼です。

④○　硫黄やナフタリンのように，昇華して可燃性蒸気を生じ燃焼する現象も，蒸発燃焼といいます（昇華燃焼などとはいいません）。

⑤×　このような燃焼形態を内部燃焼（自己燃焼）と呼びます。直接燃焼とは呼びません。

⑥×　一酸化炭素は，人体に有害です。

⑦×　一酸化炭素 CO が酸素と反応して CO_2 になります。つまり燃えます。

⑧×　予混合燃焼と呼びます。

⑨×　粉じん爆発は，一酸化炭素が発生しやすいです。

実践問題にChallenge!

問題1 可燃物とその燃焼の仕方の組合せで誤っているものはどれか。

(1) セルロイド――内部（自己）燃焼

(2) 木炭――――――表面燃焼

(3) ガソリン―――蒸発燃焼

(4) 重油――――――表面燃焼

(5) 石炭――――――分解燃焼

解答 (4)　重油は蒸発燃焼です。第4類の危険物（引火性液体）は蒸発燃焼をすると理解しておきましょう。

問題2 可燃性物質とその燃焼形態の組合せで正しいものはどれか。

(1) ジエチルエーテル，ナフタリン――蒸発燃焼

(2) 石炭，コークス――――――――――表面燃焼

(3) 木材，木炭――――――――――――分解燃焼

(4) ニトロセルロース，硫黄――――――内部（自己）燃焼

(5) ガソリン，セルロイド―――――――蒸発燃焼

解答 (1)　ジエチルエーテルは液体が蒸発し燃焼します。ナフタリンは固体が昇華して可燃性蒸気が発生し，周囲空気と混合して燃焼します。どちらの場合も蒸発燃焼と呼ばれます。その他は，石炭と木材は分解燃焼，コークスと木炭は表面燃焼，ガソリンと硫黄は蒸発燃焼，ニトロセルロースとセルロイドは内部（自己）燃焼です。

問題3 次に示す燃焼の仕方に該当するものはどれか。

「可燃性ガスと酸素(または空気)があらかじめ混合した状態で，点火源によって燃焼が行われる」。

(1) 表面燃焼

(2) 分解燃焼

(3) 予混合燃焼

(4) 拡散燃焼

(5) 内部燃焼

解答 (3) このような燃焼形態を予混合燃焼と呼びます。

問題4 次の物質のうち，分解燃焼を起こすものはいくつあるか。

A：灯油　B：プラスチック　C：金属粉　D：石炭　E：木炭

(1) 1つ　(2) 2つ　(3) 3つ　(4) 4つ　(5) 5つ

解答 (2) BとDが分解燃焼です。Aは蒸発燃焼，CとEは表面燃焼です。

3-3 危険物の燃焼特性

最重要 Point!

- 可燃性ガスと空気が混合していた場合でも，その混合割合が燃焼範囲から外れると，燃焼しない
- 発火点：外部からの点火がなくとも発火し，燃焼を継続できる最低の液温
- 引火点：他の熱源を点火源として引火が起こる最低の液温
- 引火点にある状態では，燃焼の下限界の濃度の混合気が形成されている

1. 燃焼範囲

可燃性ガスと空気の混合気には燃焼の危険性がありますが，どのような混合割合でも燃えるわけではありません。例えば，ガソリン蒸気と空気の混合気があったとします。ガソリン蒸気の濃度が非常に低いと，火種を近づけても燃焼しません。逆に，ガソリン蒸気の濃度が高すぎても，燃焼しません。

可燃物と空気の混合気が燃焼可能な混合割合（体積割合〔Vol %〕）の範囲を燃焼範囲（可燃範囲）といいます。

燃焼範囲は次の式で計算されます。例えば，ガソリンと空気の混合気の場合，ガソリン蒸気の濃度が 1.4 ～ 7.6 Vol% の範囲内で燃焼が起こります。

$$\text{混合気の容積割合〔\%〕} = \frac{\text{燃料蒸気の容積}}{\text{混合気全体の容積}} \times 100$$

$$= \frac{\text{燃料蒸気の容積}}{\text{燃料蒸気の容積} + \text{空気の容積}} \times 100$$

2. 発火点と引火点と燃焼点

発火点

例えば，灯油などの可燃性液体を，裸火や電気火花などの点火源に触れないようにゆっくり加熱し，液温がある温度に到達すると，**外部からの点火がなくとも，自然に発火して燃焼が起こります**。これを**発火**といいます。**発火が起こる最低の液温を発火点**といいます。

引火点と燃焼点

例えば，大気中に置かれた常温のガソリンは発火しませんが，**裸火**や**電気火花**を近づけると容易に燃焼が起こります。この現象を**引火**といいます。**これは，ガソリンの蒸気が液面付近で空気と混合し，燃焼可能な状態になっているために起こります**。つまり，液温が低すぎると，十分な濃度の可燃性蒸気が生じないため，引火は起こりません。

他の熱源を点火源として引火が起こる最低の液温を引火点といいます。

いい方を変えると，**引火点にある液体可燃物の液面上には，燃焼の下限界の濃度の混合気が形成**されていることを意味します。

引火点において引火が発生したとしても，燃焼が継続せずに消えてしまう場合があります。これは，燃焼が継続されるのに必要な濃度の可燃性混合気が形成されていないためです。**燃焼が継続されるのに必要な濃度の可燃性混合気を液面上に形成する温度を燃焼点**と呼びます。

燃焼点は，引火点よりも数℃程度高くなります。

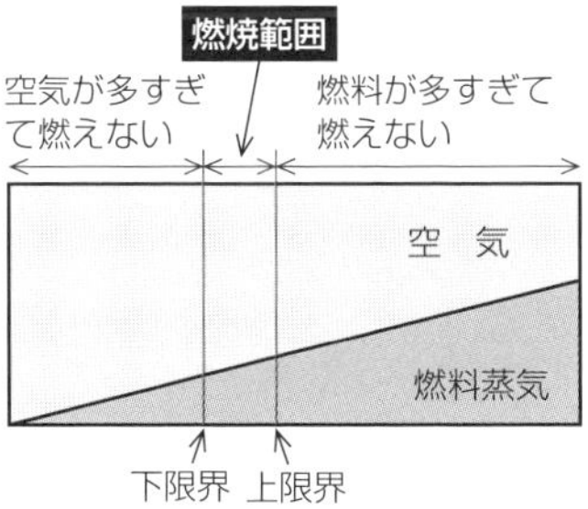

	燃焼範囲〔Vol%〕	
	下限界	上限界
ガソリン	**1.4**	**7.6**
灯 油	1.1	6.0
ジエチルエーテル	1.9	36
エタノール	3.3	19

燃焼範囲

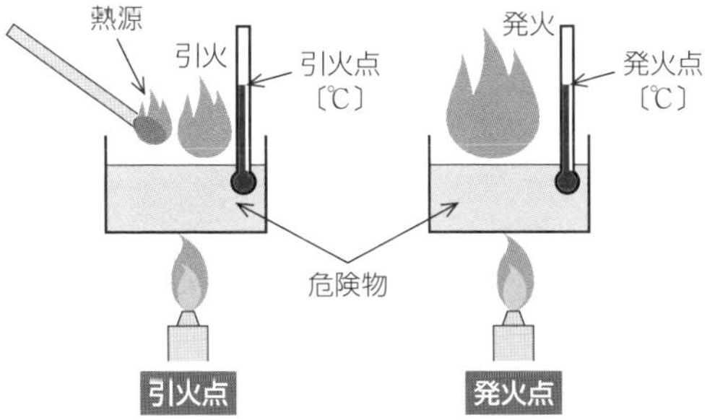

引火点と発火点

これだけ！で合格ライン突破！　合格力養成スピードテスト

①	[○・×] 可燃物に火種を近づけた際に燃焼する最低の液温を発火点という。
②	[○・×] 引火点にある危険物の液面上には可燃範囲の上限界の濃度の混合気が存在する。
③	[○・×] 一般に，燃焼点は引火点よりも数℃低い。
④	[○・×] 液温を上昇させた際に，自然に燃焼が開始する場合，そのときの液温を引火点という。
⑤	[○・×] 燃焼範囲 1.4 ～ 7.6 Vol% の危険物の 10 L と，空気 90 L の混合気は裸火で引火する。

解答

①× 引火点といいます。
②× 上限界ではなく下限界です。
③× 燃焼点は引火点よりも数℃高くなります。
④× 発火点といいます。
⑤× 混合気の容積割合＝（燃料蒸気の容積）÷（燃料蒸気の容積＋空気の容積）＝10÷(10＋90)＝0.1(10%)となります。つまり，上限界7.6Vol%以上なので引火しません。

実践問題にChallenge!

問題1 引火性液体の引火点についての説明で，正しいものはどれか。

(1) 空気中の可燃物を加熱した際，他から点火しなくても自然に燃焼を開始する最低の温度のこと。
(2) 発火点と同じ意味であり，可燃物が液体の場合を引火点，固体の場合を発火点という。
(3) 可燃性液体が，燃焼範囲の下限界の濃度の混合気を液面上に形成する最低の温度のこと。
(4) 可燃性液体を燃焼させるのに必要な熱源の温度のこと。
(5) 可燃性液体の蒸気が生じ始める最低の温度のこと。

解答 (3)　液温が上がるほど液体が蒸発し，やがて燃焼限界の下限界の濃

度の混合気が液面上に形成されます。そのとき，火種を近づければ引火します。そのときの液温を「引火点」と呼びます。(1) は発火点の説明です。(2)，(4)，(5) は誤った記述です。

問題2 可燃性液体の燃焼範囲の説明として，正しいものはどれか。

(1) 燃焼によって被害を受ける範囲のこと。
(2) 可燃性蒸気が燃焼することができる熱源の温度範囲のこと。
(3) 可燃性混合気が燃焼した際に燃焼ガスが膨張する範囲のこと。
(4) 可燃性蒸気が空気中で燃焼することができる濃度範囲のこと。
(5) 可燃性液体の発火点と引火点の差異のこと。

解答 (4)　(4) 以外は燃焼範囲の説明ではありません。

問題3 燃焼範囲の下限界が 1.4 Vol%，上限界が 7.6% の第 4 類危険物を 100 L の空気中に混合させ，均一な混合気を形成した。このとき，燃焼が可能な危険物蒸気量はどれか。

(1) 0.1 L　(2) 1 L　(3) 5 L　(4) 10 L　(5) 20 L

解答 (3)　濃度は，

$$\frac{\text{燃料蒸気の容積}}{\text{混合気全体の容積}} = \frac{\text{燃料蒸気の容積}}{\text{燃料蒸気の容積} + \text{空気の容積}}$$

で示されます。よって，以下のとおり (3) が燃焼範囲に入ります。

(1) $\frac{0.1}{0.1+100} = \frac{0.1}{100.1} \fallingdotseq \frac{0.1}{100} = 0.001 \Rightarrow 0.1\%$（100 倍すれば%になる）です。

(2) $\frac{1}{1+100} = \frac{1}{101} \fallingdotseq 0.01 \Rightarrow 1\%$

(3) $\frac{5}{5+100} = \frac{5}{105} = 0.048 \Rightarrow 4.8\%$

(4) $\frac{10}{10+100} = \frac{10}{110} = 0.091 \Rightarrow 9.1\%$

(5) $\frac{20}{20+100} = \frac{20}{120} = 0.17 \Rightarrow 17\%$

問題4 発火点220℃の液体可燃物（第4種危険物）が空気中に置かれている。この液体の発火特性について，正しいものはどれか。

(1) 液温が220℃未満であれば，点火源があっても燃焼しない。

(2) 液温が220℃以上であっても，点火源がなければ燃焼しない。

(3) 液温が220℃に達すれば，点火源がなくても燃焼する。

(4) 液温が220℃に達すれば，引火する。

(5) 液温が220℃に達すると，空気を遮断しても燃焼する。

解答 (3)　発火点は，火種がなくても燃焼が開始する液温のことです。(1)，(4) は，引火するかどうかの記述のため，発火点220℃の情報では判断できません。

(2) は220℃以上であれば発火します。

(5) 空気を遮断すると第4種の危険物は燃焼しません。

3-4 燃焼の難易

最重要Point!

- ☑ 燃焼の三要素がそろうと燃焼する。常に燃焼の三要素をもとに考えよう
- ☑ 燃焼しやすい代表的な条件とその理由（原理）を知っておこう

1. 燃焼しやすい条件

燃焼が起こるには，**燃焼の三要素**（可燃物，酸化剤，熱源）がそろうことが必要です。それを考えれば，燃焼の難易は理解できます。次の表に具体例を示します。

大きいほど燃えやすいもの

項　目	理　由
空気との接触面積	酸化剤が供給されやすいため
温度	多量の熱が供給される。また，高温ほど化学反応は活発になる
発熱量	発熱量が大きいほど多量の熱が生じるため
酸化しやすさ	酸化しやすいほど反応が進行しやすい(発熱しやすい)
燃焼範囲が広い	可燃物と酸化剤が燃焼する条件がそろいやすい

小さいほど燃えやすいもの

項　目	理　由
熱伝導率	熱伝導率が小さい⇒熱が伝わりにくい⇒熱が逃げにくい⇒温度が下がりにくい⇒燃焼しやすい
比熱	比熱が小さい⇒温度が上昇しやすい⇒燃焼しやすい
水分が少ない	乾燥しているため
引火点・発火点が低い	より低い温度で引火・発火が起こるため

これだけ！で合格ライン突破！　合格力養成スピードテスト

①	[○・×] 可燃性の固体は，熱伝導率が大きいほど，燃焼しやすい。
②	[○・×] 液体の危険物を霧状に噴射すると，燃焼しにくくなる。
③	[○・×] 灯油を布にしみこませると，引火しやすくなる。
④	[○・×] 比熱が大きいほうが燃焼しやすい。
⑤	[○・×] 湿度が高いほうが燃焼しやすい。

解答

①×　熱伝導率が大きいと，熱が逃げやすいため燃焼しにくくなります。
②×　霧状にすれば空気との接触面積が増加し，燃焼しやすくなります。
③○　霧状に噴射したときと同様の理由で，燃焼しやすくなります。
④×　比熱が大きいと温度が上昇しにくいので，燃焼しにくくなります。
⑤×　水は不燃物です。しかも温度上昇を妨げます。よって，湿度が低く乾燥しているほうが燃焼しやすくなります。

実践問題に

問題1 燃焼の難易について，誤っているものはいくつあるか。

A：発熱量が大きいほど燃えやすい。
B：熱伝導率が大きいほど燃えやすい。
C：酸素との接触面積が小さいほど燃えやすい。
D：湿気が少ないほど（乾燥しているほど）燃えやすい。
E：酸化されやすいものほど燃えやすい。

(1)　1つ　　(2)　2つ　　(3)　3つ　　(4)　4つ　　(5)　5つ

解答 (2)　BとCが誤りです。熱伝導率が大きいと，発生した熱が拡散して逃げやすいので，燃焼しにくくなります。酸素との接触面積が小さいと，酸化反応が促進されず燃焼しにくくなります。

問題2 軽油を霧状に噴霧すると燃焼しやすくなる理由で，誤っているものはどれか。

(1)　空気との接触面積が増え，蒸発が促進されるため。
(2)　熱交換が活発になるため。
(3)　液体が霧状に分裂する際の摩擦熱で温度が増大するため。
(4)　液体の表面積が増加するため。
(5)　空気との混合が促進されるため。

解答 (3)　噴霧による摩擦では，温度はほとんど上昇しないため，燃焼の促進効果はありません。

3-5 火災の種類と消火法

最重要Point!

- 火災は「A火災：普通火災」・「B火災：油火災」・「C火災：電気火災」の3つに区分される
- 第4類の危険物の火災は「B火災」で，水による消火をしてはいけない（火災が拡大するおそれがある）
- 霧状の強化液は油火災に使用可能
  水溶性液体（アルコール，アセトンなど）に「泡消火剤」を使う場合は「水溶性液体用泡（耐アルコール泡）」消火剤を用いる

1. 火災の種類

火災はA火災・B火災・C火災の3種に分けられます。

普通火災（A火災）：紙や木材など，一般可燃物の火災

油火災（B火災）：ガソリンや軽油など，引火性液体による火災

第4類の危険物の火災はすべて**B火災**です。

第4類は，液体では**水より軽いものが多い**です。つまり，**水をかけると水に浮いた危険物の火災が拡大するおそれがあります**。よって，**B火災は水による消火をしてはいけません**。

電気火災（C火災）：モータ，変圧器など，電気設備による火災

電気火災に**棒状の水**や**泡消火剤**を放射すると，通電して**感電**するおそれがありますので，**棒状の水**や**泡消火剤は適しません**。

消火器には，上記のどの火災に適応するかが，次のようなマーク（イラスト）で記されています。

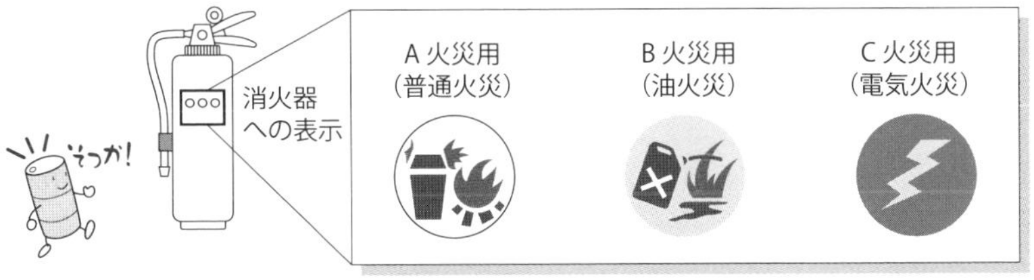

適応する火災のマーク

2. 消火剤と適応火災

消火剤の種類と特徴を次の表にまとめます。

消火剤の種類

消火剤		特　徴	消火効果	適応する火災		
				普通	油	電気
水	棒状	**比熱**, **蒸発熱**が大きく, 冷却効果が高い	冷却	○	×	×
	霧状			○	×	○
強化液	棒状	·**炭酸カリウム**の濃厚な水溶液 ·消火後の**再燃防止**効果あり ·霧状に用いれば油と電気火災に適用可	冷却	○	×	×
	霧状		冷却, (抑制)	○	○	○
泡		·泡で燃焼面を覆い, **窒息**消火する **·水溶性液体には「水溶性液体用泡」**を使用	窒息, 冷却	○	○	×
ハロゲン化物		**·負触媒効果と窒息効果**で消火する	抑制, 窒息	×	○	○
二酸化炭素		·空気より重い不活性ガスで炎を覆う **·酸欠に注意**が必要	窒息, (冷却)	×	○	○
粉末	ABC	**·リン酸塩**を主成分とした, 万能な消火剤	窒息, 抑制	○	○	○
	Na	炭酸水素ナトリウムを主成分とする(BC消火剤)		×	○	○

水と**強化液**には，液体の噴射法によって「**棒状**」と「**霧状**」があります。棒状は，蛇口から出る水のように一本の水流の形状をした噴射形態のことです。霧状は，霧吹きで噴射したような形状です。通常，「**水**」と「**強化液（主成分は水）**」は**油火災（第4類の火災）には不適合**ですが，**強化液を霧状に噴霧する場合は油火災にも適用可能**です。

泡消火剤は，**泡による窒息効果と冷却効果**で消火しますが，**アルコール**や**アセトン**など，**水溶性の危険物に泡消火剤を噴射すると，泡が消失**してしまいます。そのため，水溶性の危険物の火災に泡消火剤を用いる場合は，「**水溶性液体用泡（耐アルコール泡）消火剤**」を使用します。

重要　**泡消火剤に要求される特性**

❶　付着（粘着）性を有する　❷　熱に安定　❸　油に浮く
❸　加水分解しない　❺　流動性あり

主な消火剤について，その特徴を以下にまとめます。

❶ 強化液消火器：炭酸カリウム

強化液は濃厚なアルカリ金属塩（炭酸カリウム）の水溶液です。冷却効果のほかに，薬剤による再燃防止効果があります。

❷ 粉末（Na）消火器：炭酸水素ナトリウム

水溶液は弱塩基（アルカリ）性で，加熱して分解すると二酸化炭素と水を発生します。また，塩酸を加えることでも二酸化炭素を発生します。

❸ 粉末（ABC）消火器：リン酸アンモニウム（リン酸塩）

リン酸アンモニウムを主成分とした消火剤です。具体的な消火薬剤として，リン酸二水素アンモニウムが用いられ，サーモンピンクに着色されています。

❹ 化学泡消火器：炭酸水素ナトリウムと硫酸アルミニウム

両消火剤の水溶液を混ぜると，反応して**二酸化炭素を含んだ多量の泡**が発生し，それを放射して消火します。

❺ 二酸化炭素消火器：液化二酸化炭素

放射された二酸化炭素による**窒息効果**に加えて，液化二酸化炭素が蒸発する際の**気化熱による冷却効果**もあります。

重要　**消火剤と適応火災の重要ポイント**

❶水は冷却効果が高いが，油火災（B火災）には使用できません。
❷霧状の強化液は油火災に使用できます。
❸水溶性液体（アルコール，アセトンなど）に「泡」を使う場合は，「水溶性液体用泡（耐アルコール泡）」消火剤を用います。
❹二酸化炭素消火器などの不活性ガスを使って消火する場合，特に狭い空間での使用は人が窒息する危険性があります。

これだけ！で合格ライン突破！　合格力養成スピードテスト

①	[○・×] ガソリンなどの引火性液体の火災はA火災に該当する。
②	[○・×] モータや変圧器などの電気火災はB火災に該当する。
③	[○・×] 水は比熱，蒸発熱が共に大きいため，高い冷却効果を持っている。
④	強化液は高濃度の［　］水溶液である。
⑤	[○・×] 強化液には，冷却効果に加えて抑制効果もあり，再燃焼の防止効果が期待できる。
⑥	[○・×] 強化液式の消火剤は，棒状に噴射する場合は油や電気火災にも適用できる。
⑦	[○・×] 灯油が燃焼している場合，霧状の水で消火することができる。
⑧	[○・×] アセトンが燃焼している場合，泡消火剤による消火が有効である。
⑨	[○・×] 泡消火剤は泡による窒息消火と冷却消火を行う消火剤である。
⑩	[○・×] 二酸化炭素消火剤は，窒息消火を主目的とし，かつ人体に無害のため，狭い密室で使用するとよい。
⑪	ABC粉末消火剤は［　］を主成分とする消火剤である。
⑫	泡消火剤に要求される特性は［A］と［B］と［C］と［D］と［E］の5つである。

解答

①×　引火性液体の火災はB火災（油火災）です。
②×　C火災（電気火災）です。
③○
④炭酸カリウム
⑤○
⑥×　霧状であれば適用可能です。棒状に噴射すると，油火災であれば延焼の拡大，電気火災であれば感電のおそれがあります。
⑦×　噴射形態によらず，油火災に水は適用できません。強化液を霧状で噴射した場合は，油火災にも適用可能です。
⑧×　アセトンは水溶性なので，通常の泡消火剤では泡が消失して消火ができません。「水溶性液体用泡消火剤」であれば適用できます。
⑨○
⑩×　消火法は窒息消火ですが，密室で使用すると酸欠のおそれがあります。
⑪リン酸塩（リン酸アンモニウム）
⑫A：付着性がある，B：熱に対して安定，C：油に浮く，D：加水分解しない，E：流動性がある。

実践問題にChallenge!

問題1 消火器と，主な消火効果の組合せで誤っているものはどれか。

	消火器	消火効果
(1)	強化液消火器(霧状噴射)	冷却効果，抑制効果
(2)	粉末消火器	窒息効果，抑制効果
(3)	泡消火器	窒息効果
(4)	ハロゲン化物消火器	冷却効果
(5)	二酸化炭素消火器	窒息効果

解答 (4)　ハロゲン化物消火剤は，化学反応を抑制する「抑制(負触媒)効果」による消火法です。

問題2 火災と，適応する消火器の組合せで誤っているものはどれか。

	火災の種類	適応する消火器
(1)	電気設備の火災	泡消火器
(2)	石油類の火災	二酸化炭素消火器
(3)	石油類の火災	粉末(リン酸塩類)消火器
(4)	木材などの火災	強化液消火器
(5)	電気設備の火災	ハロゲン化物消火器

解答 (1)　電気火災に泡消火剤を使うと，泡を伝って通電して感電するおそれがあり，不適切です。

問題3 強化液消火剤について，誤っているものはどれか。

(1) 油火災に対しては，霧状に放射した場合でも適応しない。

(2) アルカリ金属塩の濃厚な水溶液である。

(3) 消火後の再燃防止の効果がある。

(4) 霧状に放射すれば，電気火災に適応する。

(5) 主に冷却効果と抑制効果を持つ消火剤である。

解答 (1)　強化液は，水と違い抑制効果もあるので，霧状に噴射すれば油火災にも適応します。ただし，強化液を棒状に噴射すると油が浮いて液面を伝い延焼を拡大するおそれがあるので適しません。

問題4 次のうち，灯油の火災に適応しない消火法や消火剤はいくつあるか。

A：霧状の水をかける。
B：棒状の強化液消火器を用いる。
C：二酸化炭素消火器を用いる。
D：泡消火器を用いる。
E：粉末消火器を用いる。
F：ハロゲン化物消火器を用いる。

(1)　1つ　　(2)　2つ　　(3)　3つ　　(4)　4つ　　(5)　5つ

解答 (2)　AとBが適応しません。油火災には，窒息と抑制消火が効果的です。第4類の危険物の消火には，水による消火は適しません。強化液の場合，霧状に噴射すれば適応します。

問題5 二酸化炭素を放射する不活性ガス消火設備について，次のA～Dの説明で誤っているものはいくつあるか。

A：空気中に放出すると酸素濃度を低下させ，窒息効果による消火を行う。
B：油火災，電気火災の双方に適応する。
C：空気より軽いガスを噴射するので，密閉空間でしか使用できない。
D：消火剤である二酸化炭素は，人体には直接無害なので人がいる密閉空間での消火に安全に使用できる。

(1)　1つ　　(2)　2つ　　(3)　3つ　　(4)　4つ　　(5)　すべて正しくない

解答 (2)　CとDが誤っています。二酸化炭素 CO_2 の分子量は44，空気の分子量は約29であり，CO_2 のほうが空気より重いです。また，CO_2 は直接人体に毒性はありませんが，密閉空間で CO_2 濃度が増加すると酸素が欠乏し窒息するので適しません。

第4章

危険物の性質 ならびに その火災予防 および消火の方法

4章の動画は
ここから！

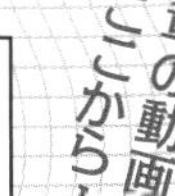

4-1 すべての類(第１類から第６類)の危険物

最重要 Point!

- 第1類から第6類までの性質（酸化性固体，可燃性固体など）を覚えよう
- 各類の共通の性状を理解しよう［例：第1類は単独では燃えない］

1. 各類の危険物の性質概要

第１類から第６類までの特徴を表にまとめます．第４類以外は，個々の物品の性状が問われることはありません。

表に示す「主な特性」を理解しておきましょう。

主な特徴

類別	性質	状態	物品の例	主な特性
第１類	**酸化性固体**	**固体**	塩素酸塩類 硝酸塩類 (○○酸塩類は第１類)	・それ自体は**不燃性** ・**強い酸化性**をもつ ・分解すると**酸素**を出して**可燃物を燃焼**させる
第２類	**可燃性固体**	**固体**	硫黄，赤リン，金属粉，引火性固体	・火炎により着火されやすい固体 ・低温で**引火**しやすい**固体**
第３類	**自然発火性物質および禁水性物質**	**液体** **固体**	カリウム，黄リン，アルキルアルミニウム	・**空気**や**水**と反応（作用）し，**可燃性ガス**の発生や発火を起こす固体や液体
第４類	**引火性液体**	**液体**	**ガソリン，灯油，軽油**	**・引火しやすい液体**
第５類	**自己反応性物質**	**液体** **固体**	ピクリン酸 硝酸エチル ニトログリセリン	・可燃性で，分子内に**酸素を含有**し，加熱，衝撃，摩擦などで発火・爆発を起こす **・外部から酸素を供給しなくても燃焼**
第６類	**酸化性液体**	**液体**	過酢酸，過酸化水素，硝酸	・第１類と同様（ただし液体） ・腐食性を有し，蒸気は有毒

2. 知っておきたい重要な特性

消防法上の危険物の基本性状として，次の項目を押さえておきましょう。

重要 **消防法上の危険物の基本性状**

❶ **常温常圧**（20℃，1気圧）にて，すべて**固体**か**液体**。**気体は含まれない**

❷ 危険物には，**単体**，**化合物**，**混合物**のいずれのものもある

❸ 同一の物質であっても，形状や粒度（粒の大きさなど）によって，危険物になるものとならないものがある（例えば，鉄粉，金属粉など）

❹ 同じ類の危険物であっても，**適応する消火剤や消火方法が違う**ものがある

❺ 危険物の**液体および固体での比重**は，どちらも1より大きいものもあれば，1より小さいものもある（**第4類の蒸気比重はすべて1より大きい**が，液体や固体の比重は，必ずしも，「すべて1より大きい（小さい）」というわけではない）

これだけ！で合格ライン突破！　合格力養成 **スピード**テスト

①	［○・×］第1類の危険物は，可燃性であり，衝撃や加熱により爆発的に燃焼する。
②	［○・×］第2類の危険物は，水と作用して激しく発熱する。
③	［○・×］第3類の危険物の中には，水と激しく反応して酸素を放出するものがある。
④	［○・×］第5類の危険物は，内部に酸素を含有し，単独で燃焼するものが多い。
⑤	［○・×］第6類の危険物は，それ自体は不燃性の固体である。
⑥	［○・×］物質の単体，化合物，混合物の分類に当てはめると，消防法上の危険物は化合物か混合物のどちらかに分類される。
⑦	［○・×］同じ物品でも，粒度などによって危険物にならない場合がある。
⑧	［○・×］類が同じものは，適応する消火方法が同じである。

⑨	[○・×] 液体の危険物の比重は1未満で，固体の危険物の比重は1を超える。
⑩	[○・×] 1気圧において，常温で引火するものは必ず危険物である。
⑪	[○・×] すべての危険物は必ず燃焼する。
⑫	[○・×] すべての危険物は，分子内に炭素，水素，酸素のいずれかを含む。

解答

①×　第1類は不燃性です。この問いは第5類の説明です。

②×　この問いは第3類の禁水性物質の説明です。

③×　水と反応して**可燃性ガス**を出します。分解して酸素を出すのは第1類か第6類の危険物です。

④○　第5類はその名のとおり，「自己反応性」を有します。

⑤×　不燃性ですが，第6類は液体です。

⑥×　黄リン，硫黄など，単体のものもあります。

⑦○　鉄粉，金属粉などが該当します。これらは粒径（粒のサイズ）によって，危険物になるかどうかが変わります。

⑧×　必ずしもそうではありません。例えば第4類では，非水溶性物品に泡消火剤が使えますが，水溶性物品には水溶性液体用泡消火剤でないと使えません。

⑨×　そうとは限りません。液体，固体とも，比重が1未満のものも1を超えるものも両方あります。ちなみに，第4類の危険物の**蒸気比重**は，すべて1を超えます。混同しないように注意しましょう。

⑩×　例えばプロパンのように，常温常圧で気体の可燃性ガスは，20℃で容易に引火しますが，気体なので危険物ではありません。

⑪×　第1類，第6類は単独では燃えません。

⑫×　カリウム(K),硫黄(S)など,その他の元素からなる危険物もあります。

実践問題に Challenge!

問題1　消防法における危険物の性状等で，正しいものはどれか。

(1) すべての危険物に引火点が存在する。

(2) 1気圧において20℃で引火するものは，すべて危険物に分類される。

(3) すべての危険物は,分子内に酸素,炭素,水素のいずれかを含有している。

(4) 危険物はすべて可燃性物質である。

(5) 危険物は，1気圧，常温（20℃）において液体か固体である。

解答 (5)　消防法上の危険物には，常温常圧で気体のものは含まれません。(1) については，第４類は引火性液体なので引火点を持ちますが，他の類には引火点を持たない危険物が多く存在します（固体の危険物など）。(2) については，20℃で引火するものでも，プロパンのように気体のものは消防法上の危険物ではありません。(3) については，硫黄，金属粉，ナトリウムその他，多くの該当物があります。(4) については，第１類や第６類は酸化性物質であり，それらは可燃性ではありません。

問題２ 危険物の類ごとに共通する一般的性状として誤っているものはどれか。

(1) 第１類：酸化性の固体でそれ自体は不燃だが，分解して酸素を発生し，可燃性物質を燃焼させる。
(2) 第２類：着火または引火しやすい可燃性の固体。
(3) 第３類：自然発火性，禁水性の液体または固体。
(4) 第５類：加熱により単独でも分解する液体。
(5) 第６類：酸化性の液体でそれ自体は不燃である。

解答 (4)　第５類は，単独で分解・爆発しやすいことは正しいですが，固体と液体の両方が存在します。

問題３ 危険物の類ごとに共通する性状として正しいものはどれか。

(1) 第１類：強還元性の固体。
(2) 第２類：酸化されやすい可燃性の固体。
(3) 第３類：水とは反応しない不燃性の液体。
(4) 第５類：発火点の極めて低い液体。
(5) 第６類：自然発火性を有する固体。

解答 (2)　第２類は可燃性固体であり，酸化されやすい物質です。(1) は還元性でなく酸化性，(3) はほとんどが水と反応する禁水性物質です。また，固体のものもあります。(4) は自己反応性物質で，液体と固体とがあります。(5) は酸化性液体で，単独では燃焼しません。

問題4 ある危険物が収納された薬品ビンに次の記載があった。この危険物に該当する類はどれか。

「灰色の結晶で，加熱すると分解して水素を発生する。水と激しく反応して水素を発生し，反応熱によって自然発火する。湿気中でも自然発火し，酸化剤と混触すると発熱・発火のおそれがある。」

(1) 第1類　(2) 第2類　(3) 第3類　(4) 第5類　(5) 第6類

解答 (3)　第3類の危険物は，分解すると水素などの可燃性ガスを生じます。また，水と激しく反応して水素などを発生し，発火するものが多いです。このような共通の性状を知っておけば正解できます。

問題5 第1類から第6類の危険物の性状等について，正しいものはどれか。

(1) 危険物には，常温（20℃）において，気体，液体，固体のものがある。
(2) 引火性液体の燃焼は蒸発燃焼であるが，引火性固体の燃焼は分解燃焼である。
(3) 液体の危険物の比重は1より小さいが，固体の危険物の比重はすべて1よりも大きい。
(4) 危険物には，単体，化合物，混合物の3種類がある。
(5) 同一の類の危険物に対しては，適応する消火剤および消火方法は同じである。

解答 (4)　危険物には，単体（例えば硫黄，カリウム），化合物（例えばエタノール），混合物（例えばガソリン）のいずれも存在します。

4-2 第4類に共通の特性

最重要 Point!

- ☑ 液体比重は1未満で非水溶性のものが多い（水に浮くものが多い）
  →液体比重が1を超える物品を知っておくとよい（少数派のため）
- ☑ 蒸気比重はすべて1を超え，空気より重いので底部に滞留する
- ☑ 非水溶性のものは電気の不良導体(不導体)であり，静電気を蓄積しやすい
- ☑ 主に窒息消火と抑制効果で消火する。注水は適さない

1. 第4類の危険物

第4類の危険物の代表的な物品を下の表にまとめます。特に，次の事項に注意して学びましょう。

❶ 第1石油類から第4石油類は，1気圧での引火点で分類されます。

❷ 特殊引火物は，引火点だけではなく，発火点と沸点も勘案されて分類されます。

❸ アルコール類は，炭素数3までの飽和一価のものが該当します。

❹ **「朱書き」**で示されている危険物は，その特性（**引火点**，**発火点**，**沸点**，**燃焼範囲**（**概略値**），**水溶性**か否か，その他の特徴）を**詳しく知っておき**，それ以外の危険物は，その**品名**（第○石油類），**物品名**，**水溶性**か否か程度を覚えておきましょう。

❺ **比重が1を超えるもの**（少数派）を覚えておきましょう。

❻ **毒性**や**悪臭**があるものを覚えておきましょう（そもそも，第4類には**無臭のものはありません**）。

❼ **色**があるものや**着色**されているものを覚えましょう（第4類の**多くは無色**透明です）。

第4類の物品一覧

※　引火点は全て1気圧での値

品　名	水溶性	物品名	特記事項
特殊引火物 発火点**100℃以下** または 引火点**－20℃以下**で 沸点**40℃以下**のもの		**ジエチルエーテル**	
		二硫化炭素	**水没貯蔵**
	水溶性	**アセトアルデヒド**	貯蔵容器に不活性ガス注入
		酸化プロピレン	
第1石油類 引火点**21℃未満**		**ガソリン**	
		ベンゼン	有毒
		トルエン	
		n–ヘキサン	
		酢酸エチル	
		エチルメチルケトン	
	水溶性	**アセトン**	
		ピリジン	悪臭
		ジエチルアミン	
アルコール類 炭素数3まで（C_1 〜 C_3）の 飽和一価アルコール (変性アルコール含む)	水溶性	**メタノール**	有毒
		エタノール	
		1プロパノール	
		2プロパノール	
第2石油類 引火点 **21℃**以上**70℃**未満		**灯油**	
		軽油	
		キシレン	
		n–ブチルアルコール	非水溶性, C_4のアルコール
		クロロベンゼン	
	水溶性	**酢酸**	コンクリートを腐食
		アクリル酸	重合して発熱
第3石油類 引火点 **70℃**以上**200℃**未満		**重油**	
		クレオソート油	黄・暗緑色, 特異臭, 蒸気有毒
		アニリン	特異臭
		ニトロベンゼン	蒸気有毒
	水溶性	**エチレングリコール**	粘性あり, エンジンの不凍液
		グリセリン	粘性, 吸湿性あり
第4石油類 引火点**200℃**以上**250℃**未満		ギヤー油	
		シリンダー油	
		可塑剤	
動植物油類 引火点**250℃**未満		ヤシ油	
		アマニ油	自然発火しやすい

2. 第 4 類の共通事項

第 4 類に共通の特性，火災予防法，消火法をまとめます。

第 4 類に共通の特性・火災予防・消火法

特　性	・**引火性の液体**であり，空気と混合し可燃性蒸気を作り**引火しやすい** ・**蒸気比重**はすべて **1 より大きく**，「**空気に沈む**」 ・**液体比重**は多くは **1 より小さく**，「**水に浮く**」（水に沈むものもある） ・**水に溶けない**ものが多い（水溶性のものもある） ・臭気がある（第 4 類の危険物に無臭のものはない） ・アルコールなどの有機溶剤に溶けるものが多い ・電気の**不良導体**が多い（静電気が蓄積しやすい）
火災予防法	・みだりに**蒸気**を発生させない ・**火種**（炎，火花，熱）との接触を避け，容器を**密栓**して**冷暗所**に貯蔵する ・可燃性ガスが空気に沈むので，**低所の蒸気を屋外の高所**に排出する （高所に排出することで，大気と拡散混合させ，可燃範囲以下の濃度にする） ・**静電気蓄積**を防ぎ，使用する電気設備を**防爆構造**にする
消火法	有効な消火法：**窒息消火**と**抑制消火**が有効
	・**泡**消火剤（水溶性物品には，**水溶性液体用泡消火剤**を用いる） ・**二酸化炭素**消火剤（空気より重い不活性な CO_2 で火炎を覆い，窒息させる） ・**粉末**消火剤 ・**ハロゲン化物**消火剤 ・**霧状の強化液**消火剤（棒状の強化液は，延焼を拡大するので不適切）
	不適切な消火法：**棒状の水**，**霧状の水**，**棒状の強化液**
	第 4 類の多くは**水に不溶**でかつ**水より軽い**ので，注水すると水面上に広がり，かえって延焼を拡大するおそれがある ⇒**棒状の水は使えない**（棒状の強化液も同じ理由で使えない） 【水溶性物品の場合】（アルコール，アセトン，酢酸，グリセリンなど） 水溶性液体の火災に泡消火剤を使うと，**泡が消失**し，窒息消火できない ⇒水溶性危険物には「**水溶性液体用泡消火剤**（耐アルコール泡）」を使う

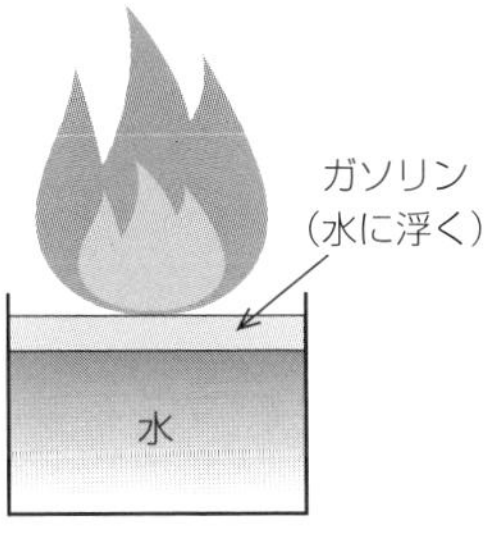

注水

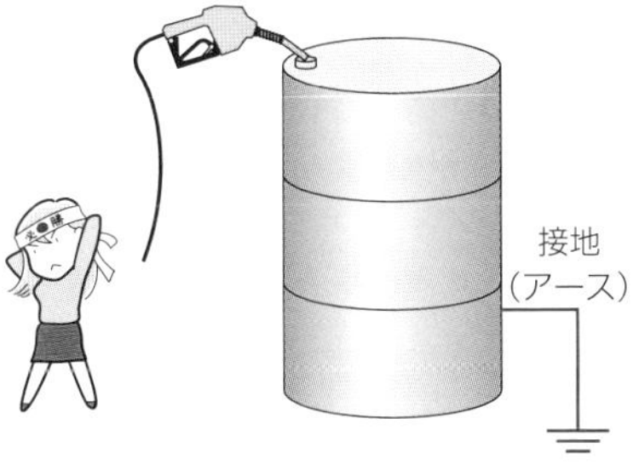

放電

これだけ！で合格ライン突破！

合格力養成スピードテスト

①	[○・×] 第4類は沸点が低いものほど引火の危険性が低い。
②	[○・×] 第4類は電気の不良導体であり，静電気を蓄積しやすいものが多い。
③	[○・×] 第4類の多くは蒸気比重が1より小さい。
④	[○・×] 第4類はすべて液体比重が1より小さい。
⑤	[○・×] 静電気事故を防ぐため，第4類の保存容器は絶縁性の高いものを用いる。
⑥	[○・×] 第4類を室内で扱う際は，高所の換気を十分に行う。
⑦	[○・×] 第4類の蒸気を換気する際，屋外の低所に排出する。
⑧	[○・×] 第4類の保存容器は密栓し，内部の蒸気が容易に漏れないようにする。
⑨	[○・×] 第4類の火災には大量の放水が有効である。
⑩	[○・×] 第4類の火災には窒息消火と抑制消火が有効である。
⑪	[○・×] 第4類の火災には二酸化炭素消火剤，ハロゲン化物消火剤は有効である。
⑫	[○・×] 第4類の火災には棒状に放射された強化液消火剤が有効である。
⑬	[○・×] 水溶性の第4類危険物には，一般の泡消火剤は使用できない。
⑭	[○・×] エタノールに一般の泡消火剤が使用できない理由は，エタノールと泡が作用して爆発のおそれがあるからである。
⑮	[○・×] 液体比重が大きい物質ほど，蒸気比重が小さくなるので，より危険性が高い。

解答

①×　沸点が低いものほど，低温で蒸発して可燃性蒸気を発生するため，より危険性が高いです。

②○

③×　すべて蒸気比重が1を超えます。

④×　多くは液体比重が1未満ですが，二硫化炭素など，比重が1を超える(水に沈む)ものもあります。

⑤×　導電性の高いものを使って静電気を蓄積しないようにします。

⑥× 蒸気が底部に滞留するので，低所の換気を行います。

⑦× 低所に溜まった蒸気を高所に排出します（拡散によって濃度を下げて燃焼範囲外にするため）。

⑧○

⑨× 水に浮いた油によって延焼が拡大します。

⑩○

⑪○

⑫× 霧状の強化液であれば使用可能です。

⑬○ 水溶性物品には，水溶性液体用泡消火剤を使います。

⑭× 泡が消失してしまうためです。

⑮× 液体比重が大きい物質ほど蒸気比重が低いということはありません。また，一概に蒸気比重が小さいほど危険とはいえません。

実践問題に Challenge!

問題1 第4類の危険物の一般的性状として誤っているものはどれか。

(1) 液温が－40℃以下であっても引火するものがある。

(2) 水に溶けるものもある。

(3) 液温が発火点以上になると，点火源がなくとも発火する。

(4) 引火点を有する液体である。

(5) 蒸気は燃焼範囲を有し，この下限界に達する温度が低いものほど引火の危険性が低い。

解答 (5) 燃焼範囲の下限界に達した際の液温とは，引火点のことです。下限界に達する液温が低い＝引火点が低い，となり，より危険性は高くなります。

問題2 第4類の危険物の一般的性状として誤っているものはどれか。

(1) 蒸気比重が1より大きく，燃料蒸気は低所に滞留しやすい。

(2) 一般に，非水溶性のものは静電気を蓄積しやすい。

(3) 水溶性のものは，水に溶かすと引火点が低下する。

(4) 液体の比重は，1より小さいものが多い。

(5) 常温（20℃），常圧（1気圧）で液体である。

解答(3)　一般に，不燃物である水が混入すると，より引火しにくくなります。アルコール度数が高いお酒が引火しやすいのと同じ理由です。

問題3 第4類の危険物の一般的性状として誤っているものはどれか。

(1) 引火点が低いもののほうが，火災発生の危険性が高い。

(2) 水に溶けにくいものが多い。

(3) 非水溶性のものの多くは水に沈む。

(4) 高速流動などにより静電気を生じやすいものが多い。

(5) 蒸気は，空気とわずかに混合した場合でも燃焼するものが多い。

解答(3)　第4類の危険物の多くは比重が1未満で水に浮きます。一部，水に沈むものもありますが，それは“多数”ではなく“少数”です。

問題4 第4類の危険物の貯蔵・取扱の一般的な注意事項として，正しいものはどれか。

(1) 危険物が流出した際は，引火を防ぐために多量の水で薄める。

(2) 流動させる場合は，静電気の発生を防ぐためなるべく流速を低くする。

(3) 可燃性蒸気の発生で内圧が上昇するため，容器にはガス抜口を設ける。

(4) 可燃混合気の形成を防ぐため，容器内に空間を作らないようにすべて液体で満たして密栓する。

(5) 危険物を詰め替える際は，可燃性ガスの拡散を防ぐため，密閉された室内で換気をせずに行う。

解答(2)　流速を低くすることで，静電気の発生を抑えることができます。それ以外が誤りの理由は，次のとおりです。

(1) 危険物が水に浮いて広い範囲に流されるので危険，(3) 可燃蒸気が漏れるのを防ぐため容器は密栓する，(4) 温度変化で液体が膨張するので，空間を確保しておかなければ容器が破損する，(5) 換気をしないと燃焼範囲の混合気が生じ火災のおそれがある，となります。

問題 5 第４類の危険物を取り扱ううえでの一般的な注意事項として誤っているものはどれか。

(1) 引火点が低いもののほうが，火災発生の危険性が高い。

(2) 危険物が入っていた空の容器においても，内部に可燃混合気が形成されている可能性が十分にあるため，取扱いには細心の注意を払う。

(3) 静電気による災害が発生する恐れがあるものの詰替作業においては，容器は導電性の高い金属製のものを用い，正しく接地して行う。

(4) 室内で取り扱う際は，室内の高所の換気を十分に行い，屋外の低所に排出するようにする。

(5) 危険物を取り扱う場所においては，みだりに火気を使用しない。

解答 (4)　燃料蒸気は空気より重く低い場所に滞留しているので，低所の換気を行うのが正しいです。また，屋外の高所に排出することで，大気中への拡散を促進させ，燃焼範囲の下限界の濃度以下にして火災を予防します。

問題 6 第４類の火災の一般的な消火法で，誤っているものはどれか。

(1) 注水による冷却消火は効果的である。

(2) 霧状に噴射した強化液消火剤は，効果的である。

(3) 粉末消火剤は，効果的である。

(4) 二酸化炭素消火剤は，効果的である。

(5) 泡消火剤は，効果的である。

解答 (1)　第４類の火災には注水は適しません。水に浮いた危険物が燃焼面が拡大します。

(2)～(5) は，いずれも第４類の危険物に適した消火剤（窒素消火または抑制消火）です。

問題7 第4類の危険物の火災に注水で消火するのは不適当であるが，その理由として正しいものはどれか。

(1) 引火点が低下するため。
(2) 静電気が発生するため。
(3) 発火点が低下するため。
(4) 火災が延焼する恐れがあるため。
(5) 有毒の燃焼ガスが発生するため。

解答 (4)　水に浮いた危険物が燃焼しながら延焼を拡大します。

問題8 泡消火剤には，水溶性液体用泡消火剤と，一般の泡消火剤がある。次のうち，一般の泡消火剤による消火が不適切な危険物はどれか。

(1) アセトン
(2) ベンゼン
(3) ガソリン
(4) キシレン
(5) クレオソート油

解答 (1)　一般の泡消火剤は，水溶性の液体には使えません（泡が消失してしまうため）。この中で，水溶性の危険物はアセトンです。このような問題は，「水溶性の物品」を知っておくと正解できます（4-10節の「1. 水溶性の物品」一覧などでチェックしておきましょう）。

4-3 特殊引火物

最重要Point!

- 共通の特徴に加え，代表的な物品（4品目）の「個性」を知っておこう
- ジエチルエーテルの個性：直射日光禁止，特に引火点が低い
- 二硫化炭素の個性：水沈貯蔵する，特に発火しやすい，燃焼ガス有毒
- アセトアルデヒドの個性：水溶，特に低沸点，保存容器に不活性ガスを封入，銅，銀との接触で爆発性化合物を生ずるおそれ
- 酸化プロピレンの個性：水溶，保存容器に不活性ガスを封入，銅，銀との接触で重合・発火するおそれ

重要 **特殊引火物とは？**

1気圧において：**発火点が100℃以下のもの，または**

引火点が−20℃以下で沸点が40℃以下のもの

【例】 ガソリンの引火点は−40℃以下ですが，沸点が40℃以下ではないので，特殊引火物ではなく第1石油類に分類されます。

特殊引火物の具体的な特性を下表にまとめます。特に，色文字部分は数値も知っておくとよいでしょう。グレーで示された数値は覚える必要はありません。

主な特徴

	ジエチルエーテル $C_2H_5OC_2H_5$	二硫化炭素 CS_2	アセトアルデヒド CH_3CHO	酸化プロピレン C_3H_6O
性質	水に少し溶ける		**水溶性**	
	アルコールに溶ける			
状態	無色の液体(二硫化炭素は日光に当たると黄色になる)			
液比重	1未満	**1.26**	1未満	
蒸気比重	1を超える(空気に沈む)			
引火点	**45℃**	30℃以下	−39℃	−37℃
発火点	160℃	**90℃**	175℃	**449℃**
沸点	34.6℃	46℃	**21℃**	35℃
燃焼範囲	極めて広い。中でもアセトアルデヒドが最も広い (アセトアルデヒド：4.0～60Vol%)			
毒性	麻酔性	有毒		
臭気	刺激臭	燃焼ガスも有毒	刺激臭	
その他	・直射**日光NG** ・引火点最低	・**水没貯蔵** ・火炎は青い ・発火点最低	・貯蔵時，N_2などの**不活性ガスを封入**	
			・沸点最低 ・容器は鋼製(銅，銀は爆発性化合物を生ずるおそれ)	銅や銀などの金属と接触すると重合，発熱し発火，爆発するおそれ

1. ジエチルエーテル

❶ 非常に**引火**しやすい（**引火点が最低**）です。

❷ **空気**との接触や**直射日光**により**爆発性の過酸化物**を生じるため，容器は密栓して空気との接触を避けます。

❸ 蒸気には**刺激臭**と**麻酔性**があります。

❹ 水にわずかに溶けます（わずかにしか溶けないため，水溶性ではない）。

2. 二硫化炭素

❶ **非常に発火しやすい**です（発火点は90℃で，常圧での水の沸点（100℃）よりも低く，加熱された蒸気配管でも発火するおそれがあります）。

❷ **無色透明**の液体であるが，**日光に当たると黄色**になります。

❸ **純品**のものはほぼ**無臭**ですが，**一般**には特有の**不快臭**があります。

❷ 水に**不溶**で**水に沈みます**。**可燃性蒸気の発生を抑えるために水没貯蔵**（容器内の二硫化炭素の表面に水を張る，貯蔵容器を水没させるなど）します。

❸ 蒸気は特に**有毒**です。また，燃焼により有毒な**二酸化硫黄**（**亜硫酸ガス**）を生じます。

❹ **空気中で青色の炎を上げて燃焼します**。

3. アセトアルデヒド：水溶性

❶ **水や有機溶剤によく溶けます**（泡消火剤を使う場合「**水溶性液体用泡消火剤**」）。

❷ 燃焼範囲が特に**広い**です。

❸ **エタノール**が**酸化**して**アセトアルデヒド**を生成します。**アセトアルデヒドが酸化**すると**酢酸**を生成します。

❹ **刺激臭**（**果実臭**）があります。

❺ **加圧下で空気と接触させると爆発性の過酸化物を生じます**。**貯蔵容器内**に**不活性ガス**を封入します。**また，保存容器は鋼製のものを用い，銀や銅のものは用いません**（**爆発性の化合物を生ずるおそれがあります**）。

❻ **直射日光や加熱で分解してメタン** CH_4 **と一酸化炭素** CO **を発生します**。

❼ **油脂などをよく溶かします。**

4. 酸化プロピレン：水溶性

❶ **水や有機溶剤によく溶けます**（泡消火剤を使う場合「**水溶性液体用泡消火剤**」）。

❷ 貯蔵容器内に**不活性ガス**を封入します。

❸ **重合**しやすく，**銅や銀**などの**金属と接触**すると**重合**，**発熱し**，**発火し**，**爆発する**おそれがあります。

❹ 特殊引火物の中では，発火点が高い（449℃）ことも特徴です。

これだけ！で合格ライン突破！　合格力養成 **スピード** テスト

①	[○・×] ジエチルエーテルは，密栓せずに直射日光を避けて保管する。
②	[○・×] ジエチルエーテルは水によく溶ける。
③	[○・×] ジエチルエーテルは，空気との接触により過酸化物を生じるおそれがある。
④	[○・×] 二硫化炭素は水に不溶で水に沈むので，水中で保存する。
⑤	[○・×] 二硫化炭素の蒸気は空気より軽く，燃えると有毒な硫化水素を生じる。
⑥	[○・×] アセトアルデヒドは特殊引火物の中では燃焼範囲が狭いほうである。
⑦	[○・×] アセトアルデヒドは0℃以下であれば引火の心配がない。
⑧	[○・×] アセトアルデヒドは水に溶けにくいが有機溶剤にはよく溶ける。
⑨	[○・×] 酸化プロピレンは水に溶けやすいので，通常の泡消火剤は不適合である。

解答

①×　直射日光を避けて貯蔵することは正しいですが，容器は密栓します。第4類の危険物で，容器に通気性をもたせる物品はないと理解しておきましょう。

②×　ほとんど（わずかにしか）溶けません。

③○　空気との長時間の接触や直射日光により爆発しやすい過酸化物を生じます。

④○　第4類で水没貯蔵するのはこの物品だけと覚えておきましょう。

⑤×　第4類の危険物の蒸気はすべて空気よりも重いです。また，二硫化炭素は燃えると有毒な「二酸化硫黄」を生じます。「硫化水素」ではありません。ひっかけ問題で出ることがあるので注意しましょう。

⑥×　アセトアルデヒドは，特殊引火物の中でも特に燃焼範囲が広い物品です。

⑦×　引火点は −39℃です。特殊引火物の引火点は原則 −20℃以下であり，どれも非常に引火しやすいです。

⑧×　アセトアルデヒド（および酸化プロピレン）は水によく溶けます。

⑨○　水溶性液体用泡消火剤を使います。

実践問題に Challenge!

問題1　ジエチルエーテルの性状等について，誤っているものはどれか。

(1)　水によく溶けるが，メタノールやエタノールには溶けない。

(2)　爆発性の過酸化物を生じる恐れがあるため，容器を密栓して空気と触れるのを避けて貯蔵する。

(3)　蒸気には刺激臭と麻酔性がある。

(4)　沸点は40℃以下で，非常に揮発しやすい無色の液体である。

(5)　常温（20℃）で引火のおそれがある。

解答（1）　ジエチルエーテルは水には少ししか溶けませんが，アルコールには溶けます。

問題2　二硫化炭素の性状等について，誤っているものはどれか。

(1)　無色透明の液体であるが，日光に当たると黄色になる。

(2)　蒸気は空気より軽く，毒性はほとんどない。

(3)　燃焼範囲が極めて広く，青色の炎をあげて燃え，有毒な二酸化硫黄を生じる。

(4)　発火点が100℃以下で，高温な蒸気配管などに触れて発火するおそれがある。

(5)　水に不溶で水に沈むため，貯蔵時には容器内の二硫化炭素の表面を水で覆い，密栓して蒸気が漏れないようにする。

解答 (2)　蒸気は空気より重く，毒性もあります。第4類危険物の蒸気比重は“すべて1を超える”ことを覚えておけば，他の物品で同様の設問が出た際にも誤りであるとわかります。

問題3 アセトアルデヒドの性状として，誤っているものはどれか。

(1) 水やアルコールによく溶ける。
(2) 引火点は低いが，熱や光には比較的安定のため，直射日光を照射しても分解・反応は起こらない。
(3) 無色透明の液体で，刺激臭がある。
(4) 油脂等をよく溶かす。
(5) 容器などに貯蔵する際は，窒素などの不活性ガスを封入する。

解答 (2)　発火点は175℃と低く，けっして熱や光に安定ではありません。熱や光で分解し，メタン CH_4 と一酸化炭素 CO を発生します。

問題4 酸化プロピレンの性状として，誤っているものはどれか。

(1) 水に不溶で水に沈む。
(2) 沸点が低く，夏場などでは大気中で沸騰するおそれがある。
(3) 燃焼範囲が広く，その下限値が低い。
(4) 無色の液体である。
(5) 引火点は非常に低く，冬季でも容易に引火する。

解答 (1)　酸化プロピレンは水溶性です。また，比重は1未満です。

4-4 第1石油類

最重要 Point!

- ガソリンの性状は，数値を含めて覚えておこう
- ベンゼンとトルエンは似ている。引火点と毒性の差が特徴
- 水溶性物品「アセトン」「ピリジン」「ジエチルアミン」を知っておこう
- 第1石油類の液比重はすべて1未満（水よりも軽い）

重要 第1石油類とは？

1気圧において**引火点が21℃未満**のもの

第1石油類の特性を次の表にまとめます。特に，ガソリンの性状については，数値も含めて詳しく知っておく必要があります。それ以外のものについても，比較をしながら概略の数値や特徴的な性質を知っておくとよいでしょう。なお，表の中でグレーに示されている箇所は，覚える優先度が低い項目です。

第1石油類（非水溶性）

	ガソリン（自動車用）	ベンゼン C_6H_6	トルエン $C_6H_5CH_3$	n-ヘキサン C_6H_{14}	酢酸エチル $CH_3COOC_2H_5$	エチルメチルケトン $CH_3COC_2H_5$
性質	非水溶性，アルコールなどの溶剤に溶ける					
液比重	0.65～0.75	1未満（数値は覚えなくてよい）				
蒸気比重	3～4	1を超える（数値は覚えなくてよい）				
引火点	**－40℃以下**	－11.1℃	4℃	－20℃以下	－4℃	－9℃
発火点	**約300℃**	498℃	480℃	225℃	426℃	404℃
沸点	40～220℃	80℃	111℃	69℃	77℃	80℃
燃焼範囲 Vol%	**1.4～7.6**	1.2～7.8	1.1～7.1	1.1～7.5	2.0～11.5	1.4～11.4
毒性		有毒				
臭気	特有の臭気あり				果実臭	臭気あり
その他	**オレンジ系色に着色**している	ベンゼンのほうが引火点が低く，毒性も強い				

【ポイント】
・ガソリンについては，数値も含めて理解しておこう。
・ガソリンの燃焼範囲1.4～7.6 Vol%は覚えよう。それ以外の燃焼範囲は，酸素Oなどを含まない非水溶性の物品であれば，第2石油類も含めておおむね1～10Vol%の範囲にあることを知っておくと便利（例：ベンゼン，トルエン，ヘキサン，軽油，灯油，キシレンなど）。つまり，ガソリン以外の物品の燃焼範囲は，概略値のみ知っておけば十分。
・ガソリン以外は，黒文字部分を覚えておくとよい（グレーの部分は覚えなくてもよい）。

1. ガソリン（自動車ガソリン）

❶ **引火点が非常に低く**（－40℃以下），**極低温でも引火**します（揮発しやすいためです）。

❷ 発火点は約**300**℃で，灯油や軽油よりも高い。

❸ 炭素数4～10程度の炭化水素の混合物（わずかに硫黄分なども含まれます）

❹ ガソリンの成分は，原油を蒸留して精製するほか，高沸点成分に熱的・化学的処理を施して製造されます。

❺ プラスチック類を劣化させます。

❻ 日本産業規格（JIS）によって，**自動車**ガソリン，**工業**ガソリン，**航空**ガソリンの3種があります。

❼ **蒸気比重が3～4**で，**低所に滞留しやすい**です。

❽ 電気の**不良導体**のため，**静電気が蓄積されやすい**です。

❾ 自動車ガソリンであることがわかるように，**オレンジ系色**に着色されています。

❿ **蒸気を吸引**すると**頭痛やめまい**を起こすおそれがあります。

2. ベンゼンとトルエン

❶ **芳香族**の炭化水素（環式化合物）です。

❷ **芳香**があり，蒸気は**有毒**（特にベンゼンのほうが毒性が強い）です。

❸ 引火点は「**ベンゼン－11.1**℃，**トルエン**4℃」で共に**常温で引火**します。

❹ 水に溶けません（静電気を蓄積しやすいです）。

3. その他の非水溶性物品

n-ヘキサンは引火点－20℃以下と低く，引火しやすいです。n-ヘキサン，酢酸エチル，エチルメチルケトンは共に引火点が0℃以下，沸点は100℃未満と水の沸点よりも低いです。それ以外は，第1石油類の非水溶性であることを知っていれば正答できる場合がほとんどです。

第1石油類（水溶性）

	アセトン CH_3COCH_3	ピリジン C_5H_5N	ジエチルアミン $(C_2H_5)_2NH$
性質	**水溶性**, アルコール等の溶剤に溶ける		
液比重	0.8	0.98	0.7
	1未満		
蒸気比重	2.0	2.7	2.5
	1を超える(空気に沈む)		
引火点	**−20℃**	20℃	−23℃
発火点	465℃	482℃	312℃
沸点	**56℃**	115.5℃	57℃
燃焼範囲〔Vol%〕	2.5〜12.8	1.8〜12.4	1.8〜10.1
毒性		有毒	
臭気		特異な**悪臭**	アンモニア臭

4. アセトン：水溶性

❶ **水や有機溶剤**によく溶けます（泡消火剤は「水溶性液体用泡」を使います）。

❷ 引火点が**−20℃**と低く，引火しやすいです。

5. ピリジン：水溶性

❶ **水や有機溶剤**によく溶けます（泡消火剤は「水溶性液体用泡」を使います）。

❷ **悪臭**があります。

6. ジエチルアミン：水溶性

❶ **水や有機溶剤**によく溶けます（泡消火剤は「水溶性液体用泡」を使います）。

❷ 引火点が**−23℃**と低く，引火しやすいです。

❸ **アンモニア臭**があります。

これだけ！で合格ライン突破！　合格力養成 スピード テスト

①	[○・×] ガソリンは化学式 C_7H_{16} で示される化合物である。
②	ガソリンの引火点は [A] ℃以下，発火点は約 [B] ℃，燃焼範囲は [C] ～ [D] Vol％である。
③	[○・×] 自動車ガソリンは無色の液体である。
④	[○・×] ガソリンは電気を通しやすいため，撹拌しても静電気が蓄積しにくい。
⑤	[○・×] ベンゼンとトルエンは共に無色無臭の液体である。
⑥	[○・×] ベンゼンとトルエンは共に蒸気に毒性がある。
⑦	[○・×] ベンゼンとトルエンは共に水によく溶ける。
⑧	[○・×] ベンゼンとトルエンは共に 0℃で引火する。
⑨	[○・×] n– ヘキサンは水よりも重い。
⑩	[○・×] 酢酸エチルは，無色無臭の液体である。
⑪	[○・×] エチルメチルケトンの貯蔵容器には通気口を設ける。
⑫	[○・×] ジエチルアミンは空気中で酸化して自然発火する。
⑬	[○・×] アセトンの消火には一般の泡消火剤は不適合である。
⑭	[○・×] アセトンの引火点は 0℃以上である。
⑮	[○・×] アセトンは水と有機溶剤によく溶ける。
⑯	[○・×] アセトンは無色無臭の液体である。
⑰	[○・×] ピリジンは水に溶け，特異な悪臭がある。

解答

①×　ガソリンは，炭素数 4 ～ 10 の炭化水素の混合物です。非常に多くの種類の化合物が混合していますので，化合物ではありません。

②A：-40，B：300，C：1.4，D：7.6　-40℃，300℃，1.4 ～ 7.6 Vol％（この数値は覚えましょう）。

③×　オレンジ系色に着色されています。

④×　電気を通しにくいため，撹拌などにより静電気を蓄積しやすいです。

⑤×　共に無色ですが，特有の臭気があります。

⑥○　ちなみに，ベンゼンのほうが毒性が強いです。

⑦×　共に水に溶けません。

⑧×　ベンゼンは -11.1℃で引火しますが，トルエンの引火点は4℃ですので，トルエンは0℃では引火しません。

⑨×　第1石油類の物品はすべて水よりも軽いと理解しておきましょう。

⑩×　果実臭があります。第4類の危険物は，臭気が弱いものでもわずかな臭気があるため，**無臭のものはない**と理解しておきましょう。

⑪×　第4類の危険物の共通の事項として，**容器は密栓**します。

⑫×　自然発火性はありません。第4類で自然発火のおそれがあるのは，動植物油類の乾性油です。

⑬○　水溶性なので，水溶性液体用泡消火剤を用います。

⑭×　アセトンの引火点は -20℃です。

⑮○　アセトンは水溶性です。また，第4類のほとんど全て有機溶剤に溶けると考えて問題ありません。

⑯×　無色の液体ですが，臭気があります。

⑰○　ピリジンは特異臭があることが大きな特徴です。

実践問題に

問題1　ガソリンの性状について，誤っているものはどれか。

(1) 揮発性が高く，燃料蒸気は空気より重い。

(2) 高速流動や摩擦により静電気を蓄積しやすい。

(3) 炭素数15～30の炭化水素化合物の混合物である。

(4) 水に溶けない。

(5) 自動車ガソリン，工業ガソリン，航空ガソリンの3種類に分類される。

解答 (3)　炭素数4～10の炭化水素の混合物です。

問題2　自動車用ガソリンの性状について，誤っているものはどれか。

(1) オレンジ系色に着色されている。

(2) 水に不溶で水より軽い。

(3) 引火点が非常に低く，－40℃以下である。

(4) 燃焼範囲は1.4～7.6 Vol%である。

(5) 自然発火しやすい。

解答 (5) ガソリンの発火点は300℃であり，灯油や軽油の220℃に比べて高いです。ガソリンは，引火はしやすいが，自然発火性はありません。

問題3 ガソリンの危険性が灯油に比べて高い理由として，正しいものはどれか。

(1) 灯油よりも発火点が高いから。

(2) 灯油よりも引火点が低いから。

(3) 灯油に比べて静電気を蓄積しやすいから。

(4) 灯油よりも燃焼範囲が広いから。

(5) 灯油よりも発熱量が高いから。

解答 (2) ガソリンが危険な理由は，引火点が－40℃以下で，火気により容易に火がつくことです。灯油の引火点は40℃以上であり，ある程度加熱しなければ引火しません。

問題4 ベンゼンとトルエンの性状として，誤っているものはどれか。

(1) いずれも蒸気は有毒であるが，ベンゼンのほうが比較的毒性が高い。

(2) いずれも環状構造を持つ芳香族炭化水素である。

(3) いずれも無色で水に溶けない。

(4) いずれも引火点は0℃未満である。

(5) いずれも高速流動や摩擦などにより静電気を蓄積しやすい。

解答 (4) トルエンの引火点は4℃です。

問題5 アセトンの性状として，誤っているものはどれか。

(1) 揮発性が高い。

(2) 無色の液体で，特有の臭気がある。

(3) 引火点は常温（20℃）以下である。

(4) 水にほとんど溶けない。

(5) 燃料蒸気は空気より重い。

解答 (4) アセトンは水溶性で水によく溶けます。

4-5 アルコール類

最重要 Point!

- メタノールとエタノールの違いを比較しながら理解しよう
- メタノールには毒性がある
- メタノールとエタノールは共に水溶性なので，泡消火剤を使う場合は「水溶性液体用泡消火剤（耐アルコール泡消火剤）」を使う
- メタノールとエタノールは共に引火点は常温以下（10℃程度）であり，常温でも引火する
- メタノールとエタノールは共に沸点が 100℃未満
- 引火点，沸点共に　メタノール＜エタノール

アルコール類では，「メタノール」と「エタノール」が主に出題される。両者の特性を比較しながら理解しよう

重要 **アルコール類とは？**

炭素数 1 ～ 3（C_1 ～ C_3）までの**飽和一価アルコール**[※1]（変性アルコール[※1]を含む）

水溶液の場合は，濃度 **60% 以上**のもの

アルコール類は，メチルアルコール，エチルアルコールの特性を押さえておきましょう。次の表に両物品の特性をまとめます。両者を比較しながら理解すると効率的です。

1. メタノールとエタノール：水溶性

❶ **水**や**溶剤**に溶けます（泡消火剤は，水溶性液体用泡消火剤を使います）。

❷ 燃焼範囲はガソリンよりも**広い**です。

❸ 発火点は **300℃以上**です。

❹ 沸点は **100℃未満**です。

❺ 揮発性が高いです。

❻ **炎の色が青白い**（淡い）ため，明るい場所では見えにくいです。

※1　分子内に二重結合を持たず（飽和），ヒドロキシル基 OH を 1 つ持つアルコール（一価）のこと。工業用・消毒用アルコールのように，エタノールに変性剤を加えて飲用不可にしたものを変性アルコールといいます。

▼ アルコール類

摘要	メチルアルコール（メタノール） CH_3OH	エチルアルコール（エタノール） C_2H_5OH
性質	**水溶性**	
液比重	0.8	
蒸気比重	1.1	1.6
引火点	**11℃**	**13℃**
発火点	464℃	363℃
沸点	**64℃**	**78℃**
燃焼範囲	**6.0～36Vol%**	**3.3～19Vol%**
毒性	**有毒**	
臭気	特有の芳香がある	
その他	**アルカリ金属**（カリウム，ナトリウム等と反応して**水素**とアルコキシドを発生 （例：カリウムとメタノール　$2K+2CH_3OH \rightarrow 2CH_3OK$（アルコキシド）$+H_2$（水素））	

❼ **メタノール**には**毒性**があります。

❽ **メタノール** CH_3OH を酸化させると⇒**ホルムアルデヒド** $HCHO$ になり，さらに酸化させると⇒**ギ酸** $HCOOH$ になります。

❾ **エタノール** C_2H_5OH を酸化させると⇒**アセトアルデヒド** CH_3CHO になり，さらに酸化させると⇒**酢酸** CH_3COOH になります。

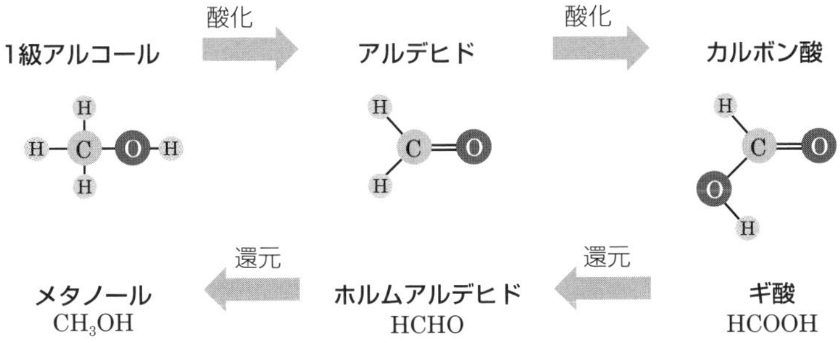

▲ アルコールの酸化作用

合格力養成 スピード テスト

①	[○・×] メタノールの毒性はエタノールよりは低い。
②	[○・×] メタノールとエタノールは共に0℃で引火する。
③	[○・×] メタノールとエタノールの火災に水溶性液体用泡消火剤が使用できる。
④	[○・×] メタノールとエタノールは共に水に任意の割合で溶ける。
⑤	[○・×] メタノールとエタノールは青白い炎を生じ，明るい場所では火炎が見にくい。
⑥	[○・×] メタノールとエタノールの沸点は共に水より高い。
⑦	[○・×] メタノールとエタノールの蒸気比重は1より小さい。
⑧	[○・×] メタノールとエタノールは共に無色透明の液体で，無臭である。
⑨	[○・×] メタノールとエタノールは共にナトリウムと反応して酸素を発生する。
⑩	[○・×] メタノールとエタノールは共にガソリンに比べると燃焼範囲が狭い。

解答

①×　メタノールは毒性があります。

②×　メタノールは11℃，エタノールは13℃なので，0℃では引火しません。

③○　通常の泡消火剤は使用できません。

④○

⑤○　火災や消火の際には，炎が見えにくいことに注意が必要です。

⑥×　共に水の沸点より低いです。

⑦×　アルコール類も例外ではなく，第4類の蒸気比重はすべて1より大きく空気に沈みます。

⑧×　無色透明の液体ですが，アルコールには芳香があります（例：消毒用エタノールの芳香）。第4類に無臭のものはないと理解しましょう。

⑨×　ナトリウムやカリウムなどのアルカリ金属と反応しますが，酸素は生じません（水素とアルコキシドが発生）。

⑩×　アルコールその他分子内に酸素を含むものは燃焼範囲は広くなると覚えておきましょう。

実践問題にChallenge!

問題1 メタノールの性状として，誤っているものはどれか。

(1) 水に任意の割合で溶ける。

(2) エタノールに比べ，沸点が低い。

(3) エタノールに比べ，燃焼範囲が広い。

(4) 常温（20℃）では引火しない。

(5) 無色透明で揮発性と芳香のある液体である。

解答 (4)　メタノールの引火点は 11℃，エタノールは 13℃です。

問題2 メタノールの性状として，誤っているものはいくつあるか。

A：常温で無色透明で無臭の液体である。

B：カリウムやナトリウムと反応して酸素とアルコキシドを生じる。

C：燃焼範囲はガソリンよりも狭い。

D：第１類や第６類の危険物と混合すると，発火・爆発の危険性が高くなる。

(1) １つ　　(2) ２つ　　(2) ３つ　　(4) ４つ　　(5) なし

解答 (3)　次の理由により，A，B，C の３つが誤っています。

A：無色透明の液体ですが，臭気はあります。B：カリウムやナトリウムなどのアルカリ金属と反応して水素とアルコキシドを生じます。C：燃焼範囲はガソリンよりも広いです。

問題3 エタノールの性状として，誤っているものはどれか。

(1) 水やエーテル類と任意の割合で溶ける。

(2) 無色透明の液体で，芳香がある。

(3) 水より軽く，蒸気は空気よりも重い。

(4) 沸点は 100℃よりも低い。

(5) 引火点は灯油とほとんど同じである。

解答 (5)　エタノールの引火点は 13℃で，灯油の引火点（40℃以上）に比べて低いです。そもそも，灯油は第２石油類なので，引火点は 21℃以上です。

メタノールとエタノールの引火点は10℃程度であることを知っておきましょう。

問題4 メタノールとエタノールの性状として，誤っているものはどれか。

(1) 一般の泡消火剤による消火は不適である。

(2) メタノールは人体に対して毒性がある。

(3) 無色で揮発性のある液体である。

(4) いずれも水に溶ける。また，水で薄めると引火点が上がる。

(5) いずれも0℃で引火する。

解答 (5)　両者の引火点は10℃程度（メタノール11℃，エタノール13℃）です。0℃では引火しません。

4-6 第２石油類

最重要Point!

- 軽油と灯油の性状は，数値を含めて覚えておこう
- 軽油と灯油の引火点は常温以上
- 灯油と軽油の引火点はガソリンより高いが，発火点はガソリンより低い

重要 **第２石油類とは？**

１気圧において引火点が**21℃以上 70℃未満**のもの

第２石油類では，灯油，軽油の性状について，ガソリンなどと比較しながら詳しく知っておくとよいでしょう。その他，**非水溶性**のものでは**キシレン**，**クロロベンゼン**，**n-ブチルアルコールが**，**水溶性**のものでは**酢酸**，**アクリル酸が出題される場合があります**。これらについては，細かい性状を覚えるのではなく，これらが第２石油類に属することと，各物品の**特徴的な性状を理解しておくことが重要です**。

第２石油類（非水溶性）

摘要	灯油	軽油	クロロベンゼン C_6H_5Cl	キシレン※ $C_6H_4(CH_3)_2$	n-ブチルアルコール（1-ブタノール）$CH_3(CH_2)_3OH$
溶解性	非水溶性 有機溶剤に溶ける				
液比重	**約0.8**	**約0.85**	**1.1**	約0.9	0.8
蒸気比重	**4.5**	**3.9**	3.9	3.7	**2.6**
引火点	**40℃以上**	**45℃以上**	28℃	33℃	約37℃
発火点	**約220℃**		593℃	463℃	**343℃**
沸点	**145～270℃**	**170～370℃**	132℃	144℃	117.3℃
凝固点（融点）	—	—	−44.9℃	−25.2℃	**−90℃**
燃焼範囲Vol%	**1.1～6.0**	**1.0～6.0**	1.3～9.6	1.0～6.0	1.4～11.2
色	**無色またはやや黄色**	**淡黄色または淡褐色**	無色		
臭気	**特有の臭気あり**				

※　キシレンの性状はオルトキシレンのものであり，異性体では若干変化する。

第2石油類（水溶性）

	酢酸 CH_3COOH	アクリル酸 $CH_2=CHCOOH$
溶解性	**水溶性** 有機溶剤に溶ける	
液比重	**1.05**	**1.06**
蒸気比重	2.1	2.45
引火点	39℃	51℃
発火点	463℃	438℃
沸点	118℃	141℃
凝固点(融点)	**約17**℃	14℃
燃焼範囲	4.0～19.9Vol%	2.4～8.0Vol%
色	無色	
臭気	刺激臭	
その他	･金属やコンクリートを**腐食**する。 ･**水溶液**のほうが腐食性が強い。水溶液は**弱酸性**。 ･皮膚や粘膜を腐食し**火傷や炎症**を起こす。 ･**17℃で凝固**する(氷酢酸と呼ぶ)。 ･**食酢**は3～5%の酢酸水溶液。	･**重合防止剤**を加えて保存する。 ･**重合**して発熱する。

1. 軽油と灯油

灯油と軽油の特性はよく似ています。引火点，発火点は数値も覚えましょう。

❶ **引火点は灯油が40℃以上，軽油が45℃以上で共に常温では引火しません。** ただし，**布に染みこませたり，霧状にすると，蒸発が促進されて混合気を形成しやすくなるため，引火しやすくなります。**

❷ 液温を引火点以上に高めると，ガソリンなどと同じように引火します。

❸ ガソリンと同じく，複数種類の炭化水素の混合物です。

❹ **発火点は共に約220℃で，ガソリンの発火点（約300℃）よりも低いです。**

❺ 電気の**不良導体**のため，**静電気が蓄積されやすい**です。

❻ 液比重は**1未満**で**水に浮きます。蒸気比重は4.5で底部に滞留しやすいです。**

2. キシレン

❶ 3種類の異性体（オルトキシレン，パラキシレン，メタキシレン）があります。

❷ 水に不溶で水に浮きます。

❸ 無色の液体で，特有の臭気があります。

❹ 引火点は約30℃であり，灯油や軽油よりも低い温度で引火します。

3. n-ブチルアルコール

❶ 炭素数4のアルコールのため，アルコール類には分類されません。引火点が37℃のため，第2石油類に分類されます。

❷ 水にほとんど溶けません。

❸ 融点は－90℃，沸点は100℃以上（117.3℃）です。

4. 酢酸：水溶性

❶ 比重が1より大きいです。

❷ 酢のにおいがします（食酢は，濃度3～5%の酢酸の水溶液）。

❸ 腐食性が強く金属やコンクリートを腐食する有機酸です。

❹ 17℃以下で凝固します（そのため，氷酢酸と呼ばれます）。

❺ アセトアルデヒドが酸化すると酢酸になります。

❻ エタノールと反応して酢酸エチルを生じます。

5. アクリル酸：水溶性

❶ 比重が1より大きいです。

❷ 重合しやすく，発熱，発火，爆発のおそれがあります。一般には重合防止剤を加えて保存します。

❸ 融点が14℃と低いため，凝固しやすいです。また，低温では重合防止剤が分離して重合が進むおそれがあります。

これだけ！で合格ライン突破！

合格力養成 スピードテスト

①	第2石油類の引火点は［A］℃以上［B］℃未満である。
②	［○・×］灯油にガソリンを混合すると，引火の危険性が高くなる。
③	［○・×］灯油と軽油の蒸気は共に空気より軽い。
④	［○・×］灯油と軽油は共に静電気を蓄積しにくい。
⑤	［○・×］灯油と軽油は共に揮発性が高いので，貯蔵容器は通気口を設ける。
⑥	［○・×］灯油や軽油を霧状に噴射すると引火しやすくなる。
⑦	［○・×］灯油と軽油は常温（20℃）でも引火する。
⑧	［○・×］灯油はオレンジ系色に着色されている。
⑨	［○・×］キシレンには3種の異性体がある。
⑩	［○・×］キシレンは水によく溶ける無臭の液体である。
⑪	［○・×］n-ブチルアルコールは水によく溶ける。
⑫	［○・×］n-ブチルアルコールは－10℃では固体である。
⑬	［○・×］酢酸は水や有機溶剤によく溶ける。
⑭	［○・×］酢酸は無臭である。
⑮	［○・×］酢酸は強い腐食性を有し，金属を腐食させる。
⑯	［○・×］酢酸の引火点は常温よりも低い。
⑰	［○・×］アクリル酸は重合しやすいため，市販品は重合防止剤を加えて保存される。

解答

①A：21，B：70　21℃以上70℃未満です。

②○　引火点が低いガソリンが混ざるので，引火の危険性は高くなります。

③×　第4類の蒸気比重はすべて1より大きく空気に沈みます。

④×　電気を通しにくく，静電気を蓄積しやすいです。

⑤×　すべての第4類の危険物の貯蔵容器は密栓します。

⑥○　蒸発や空気との混合が促され，引火しやすくなります。

⑦×　常温では引火しません（引火点は約40℃以上）。
そもそも，灯油も軽油も第2石油類なので，引火点は21℃以上です。

⑧× オレンジ系色に着色されているのはガソリンです。
⑨○ オルトキシレン，メタキシレン，パラキシレンの3種です。
⑩× 水に溶けません。また，臭気があります。
⑪× n-ブチルアルコールは水にほとんど溶けません。
⑫× 融点は -90℃なので，-10℃では液体です。
⑬○
⑭× 酢の臭いがします。“第4類の危険物に無臭のものはない”と覚えておくとよいです。
⑮○
⑯× そもそも，第2類の引火点は常温以上です。このような問題の場合，個別の物品の引火点を暗記していなくても，酢酸が第2石油類であることさえ知っていれば，正答できます。
⑰○

実践問題に Challenge!

問題1 灯油の性状として，誤っているものはどれか。

(1) 引火点は 40℃以上である。
(2) 液温が引火点以上にある状態では，電気火花などにより引火の危険性がある。
(3) 霧状に噴霧すると燃焼しやすくなる。
(4) 静電気を蓄積しやすい。
(5) 水によく溶ける。

解答 (5) 灯油は非水溶性です。

問題2 灯油の性状として，誤っているものはどれか。

(1) 蒸気は低所に滞留しやすい。
(2) ガソリンと混合すると，引火の危険性が高くなる。
(3) 揮発性が高く，貯蔵容器にはガス抜口を設ける必要がある。
(4) 水に不溶で水に浮く。
(5) 注水による消火は不適合である。

解答 (3) 容器は密栓し，ガス抜口は設けません。そもそも，灯油は揮発性が高くありません。第4類で貯蔵容器に通気口を設けるものはありません。

問題3 軽油の性状として，誤っているものはどれか。

(1) 水に不溶で水に浮く。

(2) ガソリンと混合すると，引火の危険性が高くなる。

(3) 燃料蒸気は空気より軽い。

(4) 発火点は約220℃である。

(5) 沸点は水よりも高い。

解答 (3)　軽油に限らず，第4類の危険物の蒸気比重はすべて1より大きく，空気に沈みます。

問題4 キシレンの性状として，誤っているものはどれか。

(1) 水によく溶ける。

(2) 無色の液体である。

(3) 燃料蒸気は空気より重い。

(4) 特有の臭気（芳香）がある。

(5) 3種の異性体が存在する。

解答 (1)　キシレンは非水溶性です。

問題5 酢酸の性状として，誤っているものはどれか。

(1) 無色透明の液体で，水に溶けない。

(2) エタノールと反応して酢酸エチルを生じる。

(3) 燃料蒸気は空気より重い。

(4) 刺激性の臭気を有する。

(5) 金属やコンクリートに対して腐食性を有する。

解答 (1)　酢酸は水溶性です。

4-7 第3石油類

最重要 Point!

- 第3石油類の代表的物品は,「重油」。名前は重油でも,水より軽いので注意!(水に浮く)
- 重油の性状は,数値を含めて覚えておこう
- 第3石油類は,重油以外は比重が1を超える

重要　第3石油類とは?

1気圧において**引火点が70℃以上200℃未満のもの**

第3石油類では,重油が最重要です。その他は,クレオソート油,アニリン,ニトロベンゼン,グリセリン,エチレングリコールが問われることがあります。

表の中のグレーの数値は覚えなくても大丈夫です。

第3石油類(非水溶性)

	重油	クレオソート油	アニリン $C_6H_5NH_2$	ニトロベンゼン $C_6H_5NO_2$
性質	非水溶性 有機溶剤に溶ける			
液比重	**0.9～1.0**	**1より大きい**	1.01	1.2
	1より小さい		**1より大きい**	
引火点	**60～150℃**	74℃	70℃	88℃
発火点	**250～380℃**	336℃	615℃	482℃
沸点	**300℃以上**	200℃以上	185℃	211℃
臭気・毒性	臭気あり	特異臭	**特異臭**	臭気・毒性あり
色	**褐色・暗褐色**	**黄色・暗緑色**	無色・淡黄色 通常は光と空気の作用で褐色に変化	淡黄色・暗黄色
その他	・「**重油**」という名前だが**水より軽い** ・粘性のある液体	コールタールを分留した際に生じる留出物		

1. 重油

常温では引火しないが，いったん燃え始めると消火が困難になります。

❶ **褐色**または**暗褐色**で，**粘性**のある**液体**です。

❷ **日本産業規格**（**JIS**）では，**1種**（**A重油**），**2種**（**B重油**），**3種**（**C重油**），に分類されます。

❸ 引火点は**A重油**と**B重油**が**60℃以上**，**C重油**が**70℃以上**です。

❹ **水より軽く，水に溶けません**。

❺ 引火点が高く，加熱しない限り引火の危険性は少ないが，**加熱されて引火した場合，高温なため消火が非常に困難**になります。

❻ 軽油などと同様，**布に染みこませたり，霧状にすると引火しやすくなります**。

❼ 不純物として**硫黄分**（**S**）**を含む**ので，**燃焼させると有害な二酸化硫黄** SO_2 を生じます。

2. クレオソート油

コールタールを分留するときに生じます。

❶ **黄色**または**暗緑色**の**液体**です。

❷ 重油の❺と❻と同様に引火に対する危険性があります。

❸ 水より**重い**です。

❹ トルエンなどの芳香族炭化水素，**ナフタリン**，**アントラセン**などの多環芳香族炭化水素その他多種類の物質が含まれた**混合物**です。

3. ニトロベンゼン

❶ **臭気および毒性があります**。

4. グリセリン：水溶性

❶ **無色**で**粘性と甘味**があります。

❷ **水とエタノールにはよく溶けますが**，二硫化炭素，エーテル，ベンゼン等には**溶けません**。

第3石油類（水溶性）

	グリセリン $C_3H_5(OH)_3$	エチレングリコール $C_2H_4(OH)_2$
性質	**水溶性** 二硫化炭素，ガソリン，灯油，軽油，エーテル，ベンゼンなどには**溶けない**	
液比重	1.3	1.1
	1より大きい	
引火点	199℃	111℃
発火点	370℃	398℃
沸点	291℃	198℃
臭気・毒性	甘味あり	
色	無色・粘性あり	
その他	ナトリウム(Na)と反応して水素を発生	
	吸湿性を有する	水冷エンジンの**不凍液**に使用

❸ **水より重い**です。

❹ **吸湿性を有します。**

❹ **爆薬（ニトログリセリン）の原料になります。**

❺ **3価のアルコールです。**

❻ **ナトリウム（Na）と反応して水素が発生します。**

5. エチレングリコール：水溶性

❶ 無色で**粘性と甘味**があります。

❷ **水とエタノールにはよく溶けますが**，ガソリン，ベンゼン，灯油，軽油などには**溶けません**。

❸ **水より重い**です。

❹ **2価のアルコールです。**

❺ **ナトリウム（Na）と反応して水素が発生します。**

❻ **エンジンの冷却装置の不凍液として用いられています。**

これだけ！で合格ライン突破！

合格力養成 スピードテスト

①	第３石油類の引火点は［A］℃以上［B］℃未満である。
②	［○・×］重油は褐色または暗褐色の液体で水に沈む。
③	［○・×］重油は日本産業規格（JIS）で第１種（A 重油），第２種（B 重油）の２種に分類される。
④	［○・×］重油の発火点は 60 ～ 150℃程度である。
⑤	［○・×］重油は引火点が高いので，燃焼した際の消火は比較的容易である。
⑥	A 重油と B 重油の引火点は［A］℃以上，C 重油の引火点は［B］℃以上である。
⑦	［○・×］ニトロベンゼンは常温の大気中で自然発火する恐れがある。
⑧	［○・×］クレオソート油は第４石油類に属する。
⑨	［○・×］クレオソート油はコールタールの分留により生じ，水よりも重い。
⑩	［○・×］グリセリンは水に不溶で水に沈む。
⑪	［○・×］グリセリンは刺激臭がある液体である。
⑫	［○・×］エチレングリコールの引火点は 100℃以下である。

解答

①A：70，B：200　引火点は 70℃以上，200℃未満です。
②×　褐色または暗褐色の液体ですが，水に浮きます。
③×　第３種（C 重油）を加えた３種に分類されます。
④×　発火点は 250 ～ 380℃。60 ～ 150℃なのは引火点です。
⑤×　引火点が高いということは，燃焼時の液温も高いことを意味します。そのため，一度燃焼すると消火は困難になります。
⑥A：60（℃），B：70（℃）です。
⑦×　そもそも第４類の第３石油類なので，通常の環境下では自然発火しません。
⑧×　第３石油類です。ギヤー油，シリンダー油などの第４石油類の物品と響きが似ているので，第４石油類と勘違いしやすいです。注意しましょう。
⑨○
⑩×　水より重いですが，水に溶けます。
⑪×　甘味はありますが，刺激臭はありません。
⑫×　エチレングリコールの引火点は 111℃です。

実践問題にChallenge!

問題1 第3石油類について，誤っているものはどれか。

(1) 重油，クレオソート油などが該当する。

(2) 引火点が21℃以上70℃未満の液体である。

(3) 水に沈むものもある。

(4) 水溶性のものにはグリセリンなどがある。

(5) 常温（20℃）では液体である。

解答(2)　第3石油類の引火点範囲は70℃以上200℃未満です。21℃以上70℃未満なのは第2石油類です。(3) 第3石油類は，重油以外は比重が1を超えることが特徴的です。(5) そもそも第4類はすべて常温で液体です（引火性液体）。

問題2 重油の性状について，誤っているものはどれか。

(1) 引火した場合，液温が高くなっているので，消火は困難になる。

(2) 消火には，窒息消火が有効である。

(3) 水に不溶で水より重い。

(4) 褐色または暗褐色の粘性を有する液体である。

(5) ぼろきれに染み込ませたり，霧状にすると火がつきやすくなる。

解答(3)　水に溶けないのは正しいが，重油は水より軽いです。

問題3 重油の性状について，誤っているものはどれか。

(1) 水に溶けない。

(2) 一般に水より軽い。

(3) 沸点は100℃以上である。

(4) 日本産業規格では，第1種（A重油），第2種（B重油），第3種（C重油）に分類されている。

(5) 発火点は種類などにより異なるが，60～150℃程度である。

解答(5)　60～150℃は，発火点ではなく引火点の範囲です。重油の発火点はもっと高く，250～380℃です。そもそも，発火点が100℃以下のものは特殊引火物ですから，重油の発火点を知らなくても，この設問が誤りであることがわかります。

問題4 アニリンの性状について，誤っているものはどれか。

(1) 空気中で酸化されると褐色に変化する。
(2) 蒸気比重は1を超える。
(3) 水に溶けにくい。
(4) 無色または淡黄色で無臭の液体である。
(5) 消火には，窒息消火が有効である。

解答 (4)　アニリンには特異臭があります。第4類の危険物で無臭のものはないと理解しておきましょう。それにより，「○○は無臭である」と問われたら誤りだとわかります。

問題5 クレオソート油の性状について，誤っているものはどれか。

(1) 常温（20℃）において，黄色または暗緑色の液体で，特異臭がある。
(2) アルコールなどの有機溶剤や水に溶ける。
(3) 引火点は70℃よりも高い。
(4) 金属に対する腐食性はない。
(5) ナフタレン，アントラセンなどの多環芳香族炭化水素を含む混合物である。

解答 (2)　クレオソート油は非水溶です。

4-8 第4石油類

最重要Point!

- ☑ 第4石油類は，ギヤー油やシリンダー油などの潤滑油類や可塑剤などが該当する
- ☑ 個々の物品の性状ではなく，共通の性状を知っておく

重要 第4石油類とは？

1気圧において20℃で液状であり，引火点が**200℃以上250℃未満**のもの

1. 第4石油類

❶ **ギヤー油**や**シリンダー油**などの**潤滑油類**や**可塑剤**（プラスチックなどに添加することで可塑性を与える液体）などが該当します。

❷ **比重が1未満のものが多いです（1以上のものもあります）**。

❸ **水に溶けません**。

❹ **粘性があり揮発しにくいです**。

❺ 引火点が高く，加熱しない限り引火の危険性は少ないが，**加熱されて引火した場合，高温なため消火が非常に困難**になります。

これだけ！で合格ライン突破！　合格力養成スピードテスト

①	第4石油類の引火点は［A］℃以上［B］℃未満である。
②	［○・×］第4石油類は一般に引火点が高く引火しにくので，一度引火しても比較的消火は容易である。
③	［○・×］沸点は発火点とほぼ同じである。
④	［○・×］粉末消火剤による消火は有効である。

解答

①A：200，B：250　引火点は200℃以上250℃未満です。

②×　引火点の高い危険物は，引火しにくい一方で，一度引火すると高温なため，一般に消火が困難です。

③×　沸点と発火点がほぼ同じということはありません（これは第4石油類以外にも共通）。

④○　第4類に共通する消火法（窒息消火，抑制消火）が有効です。

実践問題に Challenge!

問題 1 次の文の［　］内の A ～ C に当てはまる語句の正しい組合せを選べ。

「第 4 石油類の危険物は，［A］が高いので，［B］しない限り引火する危険性は少ないが，一度燃焼すると，［C］が非常に高温なため，消火は困難である。」

	［A］	［B］	［C］
(1)	沸点	点火	外気温
(2)	沸点	加熱	液温
(3)	引火点	点火	外気温
(4)	引火点	加熱	液温
(5)	発火点	沸騰	液温

解答 (4)　第 4 石油類は**引火点**が 200℃以上のため，**加熱**して液温が高くなければ引火しません。言い方を変えると，引火する条件では**液温**が 200℃以上の高温になっているため，消火が困難になります。

4-9 動植物油類

最重要Point!

- 乾性油に分類されるもの（アマニ油，キリ油）は自然発火しやすい
- 乾性油はよう素価が大きい
- 酸化熱が蓄積されやすい条件にすると自然発火しやすくなる

重要 動植物油類とは？

動物の脂肉などまたは植物の種子もしくは果肉から**抽出したもので，**
1気圧において**引火点**が **250℃未満**のもの

1. 動植物油類

❶「**乾性油**」に分類される動植物油は**自然発火**しやすいです。
❷ **乾性油**かどうかを判断する指標に**ヨウ素価**※1があります。
❸ **ヨウ素価が大きい**ほど**自然発火**しやすいです。

ヨウ素価と自然発火の関係

ヨウ素価	名称	自然発火	物品
130以上	乾性油	**しやすい**	**アマニ油，キリ油**
100〜130	半乾性油		ごま油，なたね油，大豆油
100以下	不乾性油	**しにくい**	オリーブ油，ヤシ油，ヒマシ油，ツバキ油

❹ **不飽和結合**（**C ＝ C の二重結合**）に**酸素が結合**し**酸化が進行**して**自然発火**します。そのため，一般に**不飽和結合がある動植物油のほうが**，**ヨウ素価が大きく**なります。
❺ **乾性油**が布やぼろきれなどに**染み込んだ**状態で**積み重ね**られている場合など，発生した**酸化熱が蓄積**される条件で**自然発火**が起こりやすくなります。

※1　ヨウ素価とは，液体 100 g 中に溶けるヨウ素の質量〔g〕のことです。

重要 **出やすい！**

アマニ油のヨウ素価は **190 ～ 204** 程度であり，**乾性油**に分類されます。
アマニ油は自然発火に注意が必要です。

これだけ！で合格ライン突破！

合格力養成 スピード テスト

①	［○・×］動植物油の引火点は 280℃程度である。
②	［○・×］不乾性油は，乾性油に比べて自然発火しやすい。
③	［○・×］乾性油をぼろきれなどに染みこませて放置しておくと自然発火する場合がある。
④	［○・×］ヨウ素価が高い物品ほど自然発火の危険性が低い。
⑤	［○・×］乾性油が染みたぼろきれは，1 枚よりも複数枚重ねたほうが自然発火しにくい。
⑥	［○・×］乾性油の浸み込んだぼろきれを，通気性の悪い場所に置くと自然発火の危険性がさらに高くなる。

解答

①×　第 4 石油類と同じく 250℃未満です。それ以上の引火点の物は，消防法上の第 4 類の危険物には分類されません。
②×　乾性油のほうが自然発火しやすいです。
③○　酸化熱が蓄積され，自然発火するおそれがあります。
④×　ヨウ素価が高いほど，自然発火の危険性が高くなります。
⑤×　複数重ねたほうが酸化熱が蓄積がされやすいので，より危険になります。
⑥○　酸化熱が蓄積しやすくなりますので，危険性が増します。

実践問題に

問題1 動植物油類の性状として，誤っているものはどれか。

(1) 常温では引火しないが，引火点以上に加熱すると引火の危険性がある。

(2) 乾性油の染み込んだぼろきれなどが堆積した状態で，換気の悪い場所などに放置しておくと，自然発火することがある。

(3) 引火点は 300℃以上である。

(4) 燃焼しているときは，液温が高くなっているので，注水は危険である。

(5) 水に溶けない。

解答(3)　動植物油の引火点は 250℃未満です。そもそも，引火点 250℃以上のものは第 4 類の危険物ではありません。

(4) について，例えば引火点 200℃の液体危険物が燃えているとき，この危険物の液温は 200℃以上になっていることを意味します。この状態で沸点が 100℃の水を注入したら，熱した天ぷら油に水をたらしたときと同じように，水が一気に蒸発して飛散し，危険です。

問題2 動植物油類の自然発火について，誤っているものはどれか。

(1) ヨウ素価が大きいものほど，自然発火しやすい。

(2) 熱が逃げにくい状況にあるほど，自然発火しやすい。

(3) アマニ油などの乾性油よりも，ヤシ油などの不乾性油のほうが自然発火しやすい。

(4) 発火点が高いものほど自然発火しにくい。

(5) 換気の悪い状況で貯蔵したほうが自然発火しやすくなる。

解答(3)　アマニ油のような乾性油のほうが自然発火しやすいです。

4-10 第４類の危険物の特徴まとめ

最重要Point!

- 第４類は水に溶けないものが多い ⇒ 水溶性の物品を知っておこう
- 第４類の多くは液体比重が１未満 ⇒ １を超えるものを知っておこう
- 第４類の多くは無色透明 ⇒ 色があるものを知っておこう
- 第４類には基本的に臭気がある ⇒ 無臭と問われたら×
- 毒性があるものを知っておこう

1. 水溶性の物品

第４類は一般的に水に不溶のものが多いですが，水溶性のものも複数あります。水溶性のものを知っておくことが重要です。

水溶性の物品一覧

特殊引火物	第１石油類	アルコール類	第２石油類※	第３石油類
アセトアルデヒド 酸化プロピレン	アセトン ピリジン ジエチルアミン	メタノール エタノール プロパノール	酢酸 プロピオン酸 アクリル酸	エチレングリコール グリセリン

※第2石油類は，“酸”が付く物質は水溶性

2. 液体比重が１を超える物品

第４類の液体比重は１より小さく水に浮くものが多いですが，比重が１を超えるものもあります。液体比重が１を超えるものを知っておきましょう。

液体比重が１を超える物品一覧

特殊引火物	第１石油類	アルコール類	第２石油類	第３石油類
二硫化炭素	なし	なし	クロロベンゼン 酢酸 アクリル酸	クレオソート油 アニリン ニトロベンゼン エチレングリコール グリセリン

3. 蒸気比重が１を超える物品

第４類の**蒸気比重**は**すべて１を超えます**。

4. 色がある物品

第４類の危険物の**多くは無色透明**です。ガソリンは着色しているので色があり，軽油，灯油はわずかに色があります。第３石油類に色を持つものが多いです。

色がある物品

特殊引火物	第１石油類	アルコール類	第２石油類	第３石油類
なし	自動車ガソリン(オレンジ系色に着色)	なし	灯油(無色またはやや黄色) 軽油(淡黄・淡褐色)	重油(褐色・暗褐色) クレオソート油(黄色・暗緑色) アニリン(無色または淡黄色) ニトロベンゼン(淡黄・暗黄色)

5. 毒性がある物品

毒性や刺激性がある物品

特殊引火物	第１石油類	アルコール類	第２石油類	第３石油類
二硫化炭素 酸化プロピレン	ベンゼン トルエン ピリジン ジエチルアミン	メタノール	プロピオン酸 アクリル酸	クレオソート油 アニリン ニトロベンゼン

実践問題に

問題１ 次のうち，常温（20℃）で引火する危険物はいくつあるか。
トルエン，アセトン，エタノール，軽油，クレオソート油，ギヤー油，酸化プロピレン

(1)　1つ　　(2)　2つ　　(3)　3つ　　(4)　4つ　　(5)　5つ

解答(4)　トルエン（第１石油類），アセトン（第１石油類），エタノール，酸化プロピレン（特殊引火物）の引火点は20℃未満です。そもそも，第２石油類，第３石油類，第４石油類の引火点は常温以上なので，個々の物品の引火点ではなく，各物品が第何石油類なのかで考えましょう。

問題２ 引火点の低い順に並んでいるものはどれか。

(1)　自動車ガソリン→メタノール→灯油→ギヤー油

(2)　メタノール→アセトン→灯油→ギヤー油

(4) メタノール→ベンゼン→灯油→ギヤー油
(5) ジエチルエーテル→自動車用ガソリン→アセトアルデヒド→灯油

解答 (1)　ジエチルエーテルとアセトアルデヒドが特殊引火物，ガソリンが第1石油類，灯油が第2石油類，ギヤー油が第4石油類であることを知っていれば引火点の数値を知らなくても正解できます。

問題3 次の危険物で，発火点が最も低いものはどれか。

(1) 重油　(2) ガソリン　(3) 二硫化炭素
(4) アセトン　(5) エタノール

解答 (3)　二硫化炭素の発火点は90℃程度です。発火点100℃以下のものは特殊引火物なので，(3) が特殊引火物であることを知っていれば正答できます。

問題4 次の危険物のうち，両方とも水に溶けないものはどれか。

(1) アセトン……………ピリジン
(2) トルエン……………灯油
(3) アニリン……………グリセリン
(4) エタノール…………二硫化炭素
(5) 酸化プロピレン……クレオソート油

解答 (2)　アセトン，グリセリン，エタノール，酸化プロピレンは水溶性です。

問題5 次の危険物のうち，水より重いものののみの組合せはどれか。

(1) 重油……………………二硫化炭素…………トルエン
(2) 二硫化炭素……………クレオソート油……ニトロベンゼン
(3) アニリン………………キシレン……………重油
(4) 重油……………………ベンゼン……………ガソリン
(5) アセトアルデヒド……クレオソート油……ニトロベンゼン

解答 (2)　二硫化炭素とクレオソート油とニトロベンゼンの比重は1を超えます。

第5章

危険物に関する法令・手続・危険物取扱者

5章の動画は
ここから！

5-1 消防法上の危険物

最重要 Point!

- ☑ 危険物は，第１類から第６類に分類される
- ☑ 危険物は，20℃，１気圧で**固体**か**液体**。**気体は含まれない**

1. 危険物の定義

重要 **危険物とは**

消防法第２条第７項において，「**消防法別表第一の品名欄に掲げる物品で，同表に定める区分に応じ，同表の性質欄に掲げる性状を有するもの**」

具体的には，危険物はその性質に応じて第１類から第６類に分類されます。それらの分類を次の表に示します。

危険物の分類

種　別	性　　質	状態	特　徴	具体例
第１類	**酸化性固体**	固体	それ自体は**不燃物**だが，**酸素**を出して可燃物を燃焼させる	塩素酸塩類 硝酸塩類 過マンガン酸塩類
第２類	**可燃性固体**	固体	低温で**引火・発火**しやすい**固体**	硫黄，硫化リン，赤リン，鉄粉，マグネシウム，引火性固体
第３類	**自然発火性物質**および**禁水性物質**	液体/固体	**空気**や**水**と激しく反応し**発火**もしくは**可燃性ガス**を発生する	カリウム ナトリウム 黄リン アルキルリチウム
第４類	**引火性液体**	液体	**引火**しやすい**液体**	ガソリン，アルコール類 軽油，重油
第５類	**自己反応性物質**	液体/固体	低温で**発熱し爆発的に反応**が進行する	有機過酸化物 ニトロ化合物
第６類	**酸化性液体**	液体	第１類と同様 （ただし液体）	過酸化水素 硝酸

状態の見分け方：性質名に固体か液体かの区別がない，「**第３類と第５類**」は，**液体と固体の両方がある**

表中に示されている,「**性質**」をしっかり覚えることが大切です。そうすれば,「**特徴**」の部分は細かく覚えなくてもわかります。例えば，第１類と第６類は酸化性の危険物なので，それ自体は不燃性（可燃物の燃焼を促進する物質）であることがわかります。

また,「**状態**」に示すように，消防法上の危険物に**気体は含まれません**。

重要　消防法上の危険物は, **20℃**, 1 気圧（常温常圧）で**固体**か**液体**です。

プロパン，メタン，水素，液化石油ガス（LPG），圧縮アセチレンガスなど，常温常圧で**気体**のものは**危険物に含まれません**。つまり，ガスボンベに入っているような可燃性のガスは, 消防法上の危険物ではないと理解しましょう。その他，危険物でないものとして，**消石灰，塩酸，液体酸素，クロロスルホン酸，液体酸素**が出題されやすいです。

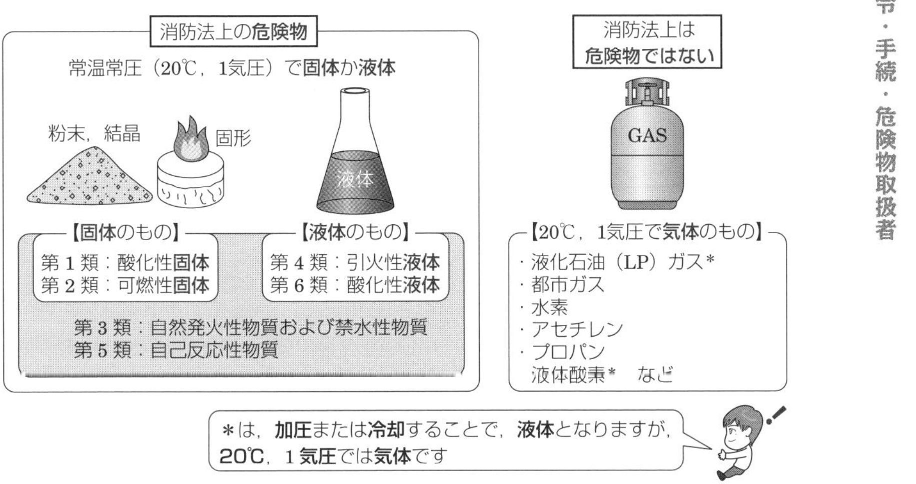

法別表第一の品名欄の見本として，第１類のものを次に記します。

法別表第一（抜粋：第１類の例）

類別	性質	品名
第１類	酸化性固体	1. 塩素酸塩類　2. 過塩素酸塩類　3. 無機過酸化物 4. 亜塩素酸塩類　5. 臭素酸塩類　6. 硝酸塩類 7. ヨウ素酸塩類　8. 過マンガン酸塩類　9. 重クロム酸塩類 **10. その他のもので政令で定めるもの** 11. 前各号に掲げるもののいずれかを含有するもの

第１類を例にとると，品名欄に示されている「塩素酸塩類」，「過塩素酸塩類」等々が第１類の危険物に該当しますが，そのほかにも，「**10. その他のもので政令で定めるもの**」も含まれます。

これだけ！で合格ライン突破！　　**合格力養成スピードテスト**

①	［○・×］消防法上の危険物は，５つの類に分かれている。
②	消防法上の危険物は，［A］℃，［B］気圧で液体か［C］である。
③	次の物質が，危険物であれば○，危険物でなければ×を記せ。 ［D］カリウム　［E］消石灰　［F］クロロスルホン酸　［G］塩酸 ［H］液体酸素　［I］プロパン　［J］過酸化水素　［K］硫黄 ［L］黄リン　［M］硝酸　［N］ナトリウム　［O］ニトロ化合物 ［P］アルコール類　［Q］硫化リン　［R］アルキルリチウム
④	第１類から第６類までの性質は，次のとおりである。第１類［S］，第２類［T］，第３類［U］，第４類［V］，第５類［W］，第６類［X］。
⑤	［○・×］消防法上の危険物は，すべて可燃性である。
⑥	［○・×］第３類と第５類はすべて固体である。
⑦	［○・×］危険物の分類は，都道府県ごとに異なる。
⑧	［○・×］特に危険な物質は，特類に分類されている。
⑨	［○・×］第１類から第６類に向かって類が増すごとに危険度性が高くなる。

解答
①×　６つの類に分けられています。
②A：20（℃），B：1（気圧），C：固体。気体ではありません。
③D：○　第３類　E：×　F：×　G：×　H：×　I：×
J：○　第６類　K：○　第２類　L：○　第３類　M：○　第６類
N：○　第３類　O：○　第５類　P：○　第４類　Q：○　第２類
R：○　第３類
④S：酸化性固体　T：可燃性固体　U：自然発火性物質および禁水性物質
V：引火性液体　W：自己反応性物質　X：酸化性液体
⑤×　第１類と第６類は，それ自体は不燃性です。
⑥×　第３類と第５類は，固体と液体の両方があります。
⑦×　消防法で定めていますので，全国で統一されています。
⑧×　特類はありません。第１類から第６類です。
⑨×　類の番号は危険度合いではありません。

実践問題にChallenge!

問題1 法令上の危険物に関する記述で，誤っているものはどれか。

(1) 危険物とは，温度零度，1気圧において固体又は液体である。
(2) 法別表第一の品名欄に掲げる物品で，同表に定める区分に応じて同表の性質欄に掲げる性状を有するものである。
(3) 法別表第一の品名欄に掲げられているもの以外にも，政令で定められているものがある。
(4) 酸化性固体，可燃性固体，自然発火性物質及び禁水性物質，引火性液体，自己反応性物質，酸化性液体に分類されている。
(5) 危険物には，それ自体は燃焼しない物品も含まれる。

解答 (1)　消防法上危険物は，20℃，1気圧で液体または固体です。常温常圧とは，20℃，1気圧であることと，消防法上の危険物に気体のものは含まれないことを覚えましょう。
(2) および (3) は法別表第一に関する内容で，問題文の記述のとおりです。
(4) は，第1類から第6類の危険物の性質をあげたものです。
(5) については，第1類と第6類の危険物のように，単独では燃焼しないものが複数含まれています。

問題２ 法別表第一の危険物に関する説明について，正しいものはどれか。
(1) 20℃，１気圧において液体または気体である。
(2) 甲種，乙種，丙種に分類される。
(3) 特に危険性の高いものは，特類に分類される。
(4) 類の番号が小さいほど危険性が高くなる。
(5) 第１類から第６類に分類されている。

解答 (5)　消防法上の危険物は，第１類から第６類に類別されています。(5) 以外が正しくない理由は次のとおりです。
(1) 消防法上危険物は，20℃，１気圧で液体または固体です。
(2) 第１類～第６類に分けられています。甲種，乙種，丙種に分けられているのは危険物ではなく，危険物取扱者資格の種類です。
(3) 第１類～第６類に分けられています。特類などというものはありません。
(4) 類の番号は危険度合いではありません。

問題３ 法別表第一に危険物の品名として掲げられているものは，次のうちいくつあるか。
カリウム　　硫黄　　硝酸　　過酸化水素　　液体酸素
(1) １つ　　(2) ２つ　　(3) ３つ　　(4) ４つ　　(5) ５つ

解答 (4)　カリウム（第３類），硫黄（第２類），硝酸（第６類），過酸化水素（第６類）の４つが消防法上の危険物です。

問題４ 法別表第一に危険物の品名として掲げられているもののみの組合せとして，次のうち正しいものはどれか。
(1) アルキルリチウム――消石灰
(2) 黄リン――――――――クロロスルホン酸
(3) プロパン―――――――ニトロ化合物
(4) アルコール類――――過酸化水素
(5) 塩酸―――――――――硝酸塩類

解答 (4)　アルキルリチウム（第３類），黄リン（第３類），ニトロ化合物（第

5類），アルコール類（第4類），過酸化水素（第6類），硝酸塩類（第1類）が危険物です。消石灰，クロロスルホン酸，プロパン，塩酸は消防法上の危険物ではありません。

問題5 法別表第一に掲げる危険物の性質と品名の組合せとして，誤っているものはどれか。

(1) 酸化性固体――――――――――過マンガン酸塩類

(2) 可燃性固体――――――――――硫化リン，マグネシウム

(3) 自然発火性物質及び禁水性物質――カリウム，アルキルリチウム

(4) 自己反応性物質――――――――過酸化水素

(5) 酸化性液体――――――――――硝酸

解答 (4)　過酸化水素は，第6類：酸化性液体の危険物です。

5-2 第４類の危険物と指定数量

最重要Point!

- 第４類の危険物の品名と指定数量を必ず覚える
- 各品名について，代表的な物品名を覚える
- 第１石油類から第４石油類は，引火点で区別されている。その引火点範囲を覚える
- 「C_1 ～ C_3 以外」，「飽和一価以外」，「濃度 60% 未満の水溶液」のアルコールは，消防法上のアルコール類には含まれない
- 引火点 250℃以上のものは第４類の危険物に含まれない
- 指定数量以上の危険物の貯蔵・取扱は，消防法で規制されている

1. 第４類の危険物

第４類の危険物の一覧を次に記します。この表に書かれている内容をすべて頭に入れておくのが安心です。特に，朱書き部分は必須です。表を見ながらスピードテストを解いてみましょう。

重要

❶ 第１石油類から第４石油類は，引火点で区分される。引火点が低いほどより低温で引火するおそれがあるため，危険度が高い

❷ 第１石油類～第３石油類までは，非水溶性と水溶性に区別されている

❸ アルコール類は，１分子を構成する炭素原子の数が **1 ～ 3 個まで**（C_1 ～ C_3 まで）の飽和一価アルコール（変性アルコールを含む）が該当する。なお，水溶液の場合には濃度 60% 以上のものが該当する。つまり，メタノール（CH_3OH），エタノール（C_2H_5OH），プロパノール（C_3H_7OH）はアルコール類であるが，ブタノール（C_4H_9OH）**は，消防法上はアルコール類ではない。**

【ひっかけ問題で出やすい物品】

第３石油類：重油→軽油などの第２石油類と混同しやすい
クレオソート油 → ギヤー油などの第４石油類と混同しやすい

第4類の危険物

品名		物品名	特徴	指定数量
特殊引火物		**ジエチルエーテル，二硫化炭素，アセトアルデヒド，酸化プロピレン**	発火点**100℃以下**または 引火点**－20℃以下**で 沸点**40℃以下**のもの	**50 L**
第1石油類	非水溶性	**ガソリン，ベンゼン，トルエン，**酢酸エチル，エチルメチルケトン	引火点**21℃未満**	**200 L**
	水溶性	**アセトン，**ピリジン		**400 L**
アルコール類		**メタノール，エタノール，**プロパノール	**C_1〜C_3**までの飽和一価アルコール（水溶液は濃度60%以上）	**400 L**
第2石油類	非水溶性	**灯油，軽油，**キシレン，クロロベンゼン	引火点**21℃以上70℃未満**	**1000 L**
	水溶性	**酢酸，**プロピオン酸，アクリル酸		**2000 L**
第3石油類	非水溶性	**重油，クレオソート油，アニリン，**ニトロベンゼン	引火点**70℃以上200℃未満**	**2000 L**
	水溶性	**グリセリン，**エチレングリコール		**4000 L**
第4石油類		**ギヤー油，**シリンダー油，タービン油，可塑剤	引火点**200℃以上250℃未満**	**6000 L**
動植物油類		**ヤシ油，アマニ油，**ナタネ油	引火点**250℃未満**	**10000 L**

2. 指定数量

指定数量とは何か

危険物の品名ごとに，危険の度合いが異なります。例えば，ガソリン（第1石油類）とギヤー油（第4石油類）を比べたら，引火点が低いガソリンのほうが危険度合いが高いといえます。そのため，単純に貯蔵数量を見ても，危険度合いがうまく比較できません。そこで，危険物の品名ごとに，指定数量を定めています。

指定数量：危険物について，その危険度合いを勘案して政令で定められた基準となる数量。

上の表で示した第4類の指定数量をすべて覚えましょう。

重要

- 第 1 石油類～第 3 石油類の**水溶性**物品は，同じ類の**非水溶性**物品の **2 倍**
- アルコール類の指定数量は，第 1 石油類の水溶性と同じく 400 L
- 指定数量の単位は，第 4 類のみ L，第 4 類以外は kg
- 危険度合いが高いものほど指定数量が低く定められている

指定数量の倍数計算

「**貯蔵または取り扱う危険物の量が，指定数量の何倍なのか？**」を「**指定数量の倍数**」と呼び，次の方法で計算されます。

重要　**指定数量の倍数の計算法**

- **貯蔵する危険物が 1 種類(例えば危険物 A)のとき**

$$指定数量の倍数 = \frac{[\mathrm{A}]\ の貯蔵量}{[\mathrm{A}]\ の指定数量}$$

- **貯蔵する危険物が 2 種類以上(例えば危険物 A，B，C の 3 種類)のとき**

$$指定数量の倍数 = \frac{[\mathrm{A}]\ の貯蔵量}{[\mathrm{A}]\ の指定数量} + \frac{[\mathrm{B}]\ の貯蔵量}{[\mathrm{B}]\ の指定数量} + \frac{[\mathrm{C}]\ の貯蔵量}{[\mathrm{C}]\ の指定数量}$$

つまり，物品ごとに単独で倍数を求めて，それらを合計すれば答えが出ます。

3. 指定数量と法規制の関係

指定数量以上の危険物を貯蔵または取り扱う場合

- **消防法等で規制**されます[※1]
- **製造所等**（5-3 節で学びます）と呼ばれる，**市町村長等**に**許可を受けた施設**で貯蔵・取扱を行う必要があります。
- **危険物取扱者**による取扱（または立会い）が必要です。

※1　消防法等の適用除外：航空機，船舶，鉄道または軌道による危険物の貯蔵・取扱・運搬の場合，消防法などによる規制が適用されません。

【注意】 航空機や船舶などに給油する場合は，消防法による規制を受けます。

指定数量未満の危険物を貯蔵または取り扱う場合

各市町村の**市町村条例**で貯蔵・取扱の基準が定められています。

危険物の運搬

運搬とは，車両等（自動車やトラック等）で危険物を運ぶことを指します。危険物を運搬する場合，**指定数量の倍数に無関係**に，**消防法等で規制**されています。

合格力養成 スピード テスト

①	特殊引火物とは，1気圧で発火点が［A］℃以下のものまたは，引火点が［B］℃以下で沸点が［C］℃以下のものを指す。
②	特殊引火物の指定数量は［D］Lである。
③	第１石油類の引火点は［E］℃未満である。非水溶性の場合，指定数量は［F］Lである。
④	アルコール類は，1分子を構成する炭素原子の数が［G］個から［H］個までの飽和一価アルコールを指す（変性アルコールを含む）。ただし，濃度［I］％未満の水溶液を除く。
⑤	［○・×］1-ブタノールは第４類のアルコール類である。
⑥	第２石油類の引火点は［J］℃以上［K］℃未満である。非水溶性の場合の指定数量は［L］Lで，具体的な物品名には灯油，軽油などがある。
⑦	第３石油類の引火点は［M］℃以上［N］℃未満である。非水溶性の場合の指定数量は［O］Lで，具体的な物品名には重油などがある。
⑧	［○・×］指定数量は，都道府県ごとに異なる。
⑨	［○・×］クレオソート油は，第４石油類である。
⑩	第４石油類は引火点［P］℃以上［Q］℃未満，指定数量は［R］Lである。
⑪	動植物油類は引火点［S］℃未満で，指定数量は［T］Lである。
⑫	第１，２，３石油類のすべてにおいて，水溶性の場合の指定数量は非水溶性の場合の指定数量の［U］倍である。
⑬	［○・×］指定数量未満の危険物を取り扱う場合は，特に規制は受けない。

⑭ ［○・×］指定数量未満の危険物を運搬する場合，市町村条例が適用される。

⑮ ［○・×］航空機や船舶に給油する場合は，消防法の適用は除外される。

⑯ 【　】内の物品を，表の「物品名」の空欄の正しい場所に入れよ。
【メタノール，ジエチルエーテル，アニリン，灯油，ギヤー油，ヤシ油，アセトン，二硫化炭素，アセトアルデヒド，クレオソート油，ベンゼン，アマニ油，エタノール，グリセリン，酢酸，酸化プロピレン，軽油，ガソリン，トルエン，重油】

品名		物品名
特殊引火物		
第1石油類	非水溶性	
	水溶性	
アルコール類		
第2石油類	非水溶性	
	水溶性	
第3石油類	非水溶性	
	水溶性	
第4石油類		
動植物油類		

解答

①A：100（℃），B：-20（℃），40（℃）
②D：50（L）
③E：21（℃），F：200（L）
④G：1（個），H：3（個），I：60（%）
⑤×　1-ブタノールはC_4のアルコールなので，消防法上のアルコール類には該当しません。ちなみに，ブタノールはその引火点から第2石油類に該当します。
⑥J：21（℃），K：70（℃），L：1000（L）
⑦M：70（℃），N：200（℃），O：2000（L）
⑧×　消防法で定めていますので，全国共通です。
⑨×　第3石油類です。ギヤー油などと響きが似ていますが，間違わないようにしましょう。
⑩P：200（℃），Q：250（℃），R：6000（L）
⑪S：250（℃），T：10000（L）
⑫U：2（倍）
⑬×　市町村条例によって規制されています。
⑭×　運搬の場合は数量に無関係に消防法等で規制されます。

⑮×　航空機や船舶に給油する場合は消防法が適用されます。

⑯　第4種の危険物

品名		物品名
特殊引火物		ジエチルエーテル，二硫化炭素，アセトアルデヒド，酸化プロピレン
第1石油類	非水溶性	ガソリン，ベンゼン，トルエン
	水溶性	アセトン
アルコール類		メタノール，エタノール
第2石油類	非水溶性	灯油，軽油
	水溶性	酢酸
第3石油類	非水溶性	重油，クレオソート油，アニリン
	水溶性	グリセリン
第4石油類		ギヤー油
動植物油類		ヤシ油，アマニ油

実践問題に

問題1 法別表第一に定める危険物の品名と物品名の組合せとして，誤っているものはどれか。

(1) 二硫化炭素は，特殊引火物に該当する。
(2) アセトンは，第1石油類に該当する。
(3) 軽油は，第2石油類に該当する。
(4) 重油は，第3石油類に該当する。
(5) クレオソート油は，第4石油類に該当する。

解答 (5)　クレオソート油は第3石油類です。ギヤー油，シリンダー油などの第4石油類と混同しないように注意しましょう。

問題2 アルコール類の定義に関する以下の文章中の空欄に入る語句の組合せとして正しいものを選べ。

「アルコール類とは，1分子を構成する炭素原子の数が［A］までの飽和1価アルコール（変性アルコールを含む）をいう。ただし，その含有量が［B］未満の水溶液を除く。」

	［A］	［B］
(1)	1個から2個	50%
(2)	1個から3個	60%
(3)	2個から5個	70%
(4)	2個から6個	50%
(5)	1個から6個	60%

解答 (2)　アルコール類は，1分子を構成する炭素原子の数が1個から3個までの飽和一価アルコールを指します（変性アルコールを含む）。ただし，濃度60%未満の水溶液を除きます。

問題3 次のうち，アルコール類に該当しないものはいくつあるか。

(A)：1–ブタノール

(B)：メタノール

(C)：変性アルコール

(D)：2–プロパノール

(E)：エタノール

(1) 1つ　(2) 2つ　(3) 3つ　(4) 4つ　(5) 5つ

解答 (1)　ブタノールはC_4のアルコールなので，アルコール類ではありません。メタノールはC_1，エタノールはC_2，プロパノールはC_3なのでアルコール類です。また，アルコール類には変性アルコールも含まれます。

問題4 第4類の指定数量について，誤っているものはどれか。

(1) 特殊引火物の指定数量は50Lである。

(2) 第1石油類の指定数量は200Lである。

(3) 第1石油類の水溶性物品とアルコール類の指定数量は400Lである。

(4) 第2石油類の水溶性物品と第3石油類の非水溶性物品の指定数量は2000Lである。

(5) 第3石油類の水溶性物品と第4石油類の非水溶性物品の指定数量は4000Lである。

解答 (5) 第3石油類の水溶性物品の指定数量は，非水溶性物品の2倍で4000L，第4石油類の指定数量は6000Lです。

問題5 指定数量の異なるA，B，Cの3種類の危険物を同一の貯蔵所に保管する場合の指定数量の倍数の計算方法について，正しいものはどれか。

(1) 危険物A, B, Cの貯蔵量の和を，A, B, Cの指定数量の平均値で除した値。

(2) 危険物A, B, Cのそれぞれの貯蔵量を，それぞれの指定数量で除した際に，最も大きな数値。

(3) 危険物A，B，Cのそれぞれの貯蔵量を，危険物A，B，Cの指定数量の平均値で除した値の和。

(4) 危険物A，B，Cの貯蔵量の和を，危険物A，B，Cの指定数量の和で除した値。

(5) 危険物A，B，Cのそれぞれの貯蔵量を，それぞれの指定数量で除した値の和。

解答 (5) 複数の危険物の指定数量を求める場合，それぞれの危険物の指定数量の倍数を単独で求めて，それらを足し合わせればよいです。

問題6 次の品名，物品名の指定数量で間違っているものはいくつあるか。

	品　名	物品名	指定数量
(ア)	特殊引火物	ジエチルエーテル	50 L
(イ)	第一石油類	アセトン	200 L
(ウ)	アルコール類	メタノール	1000 L
(エ)	第三石油類	重油	4000 L
(オ)	第四石油類	ギヤー油	5000 L

(1) 1つ　(2) 2つ　(3) 3つ　(4) 4つ　(5) 5つ

解答 (4)　(イ)(ウ)(エ)(オ)の4つが間違っています。(イ)アセトンは水溶性なので400 L，(ウ)メタノールも400 L，(エ)重油は2000 L（第2石油類の2倍)，(オ)ギヤー油は6000 Lです。

問題7 ガソリン50 Lを貯蔵している貯蔵庫に以下の危険物を貯蔵した場合，指定数量の倍数が1以上となるものはどれか。

(1) 灯油 500 L

(2) 二硫化炭素 25 L

(3) エタノール 300 L

(4) 酢酸 1000 L

(5) クレオソート油 1000 L

解答 (3)　ガソリンの指定数量は200Lなので，ガソリン単体の倍数は50÷200＝0.25です。エタノールの指定数量は400 Lなので，エタノール単体の倍数は300÷400＝0.75です。よって，両者を足すと1.0になる。それ以外の指定数量は灯油：1000 L（第2石油類）二硫化炭素50 L（特殊引火物)，酢酸2000 L（第2石油類，水溶性)，クレオソート油2000 L（第3石油類）です。よって，次のとおりいずれも0.75以下になります。

(1) 500÷1000＝0.5，(2) 25÷50＝0.5

(4) 1000÷2000＝0.5，(5) 1000÷2000＝0.5

問題8 屋外貯蔵所内に，ある危険物が200L入りの金属製ドラム缶で20本保管されている。この危険物は第4類で，20℃，1気圧での引火点が51℃，発火点438℃である。指定数量の倍数はいくらか。

（1）1.0倍　（2）2.0倍　（3）4.0倍　（4）10.0倍　（5）20.0倍

解答（2）　200L入りのドラム缶20本で4000Lの危険物が保管されています。まず，発火点が100℃を超えているので，特殊引火物ではありません。次に，引火点が21℃以上70℃未満なので，第2石油類です。また，「水溶性」と記されているので，指定数量は2000Lです。よって，指定数量の倍数は，4000÷2000＝2.0倍となります。

問題9 以下の危険物を貯蔵する場合の指定数量の倍数はいくらか。

ガソリン400L

軽油500L

灯油1000L

重油4000L

動植物油類5000L

（1）6.0倍　（2）7.0倍　（3）8.5倍　（4）9.0倍　（5）10.0倍

解答（1）　（1）指定数量は，ガソリンが200L，軽油と灯油が1000L，重油が2000L，動植物油類が10000Lです。

よって，次のようになります。

$$\text{ガソリン}\frac{400}{200}+\text{軽油}\frac{500}{1000}+\text{灯油}\frac{1000}{1000}+\text{重油}\frac{4000}{2000}+\text{動植物油類}\frac{5000}{10000}$$

$$=2+0.5+1+2+0.5=6.0\text{倍}$$

5-3 製造所等の種類

最重要Point!

☑ 12種ある施設の名称と概要を覚えよう

1. 製造所等の種類

製造所等とは，危険物の**製造所**のほかに，**7 種類**の**貯蔵所**と **4 種類**の**取扱所**を加えた**合計 12 種類**の施設を総称しています。12 種ある施設を次に記します。

上記の 12 ある施設の名称と，それらが何をする施設なのかを理解しましょう。

2. 屋外貯蔵所は，貯蔵可能な危険物が限られる

屋外貯蔵所で貯蔵・取扱ができる危険物は，次の危険物に限られます。

① **第 2 類**：**硫黄**または硫黄のみ含有するもの，**引火性固体**（引火点 **0℃以上**のもの）

②-1 **第 4 類**の**第 1 石油類**のうち引火点が **0℃以上**のもの

②-2 **第 4 類**の**アルコール類**，**第 2 石油類**，**第 3 石油類**，**第 4 石油類**，**動植物油類**

➡ **引火点 0℃未満の物は貯蔵できないことがポイントです。そのため，ガソリンなどの第 1 石油類の一部（引火点が低いもの）の貯蔵ができません。**

屋外貯蔵所で貯蔵可能な物品（要するに引火点 0℃以上のもの）

品名	物品名	引火点	屋外貯蔵所での貯蔵
特殊引火物	すべて	極めて低い	× 貯蔵NG
第 1 石油類	ガソリン	**−40℃以下**	
	アセトン	**−20℃**	
	ベンゼン	**−11℃**	
	トルエン	4℃	○ 貯蔵**OK** ※要するに 引火点0℃以上の物品が貯蔵可能
	ピリジン	20℃	
アルコール類	メタノール	11℃	
	エタノール	13℃	
第 2 石油類	すべて	21℃以上70℃未満	
第 3 石油類	すべて	70℃以上200℃未満	
第 4 石油類	すべて	200℃以上250℃未満	
動植物油類	すべて	250℃未満	

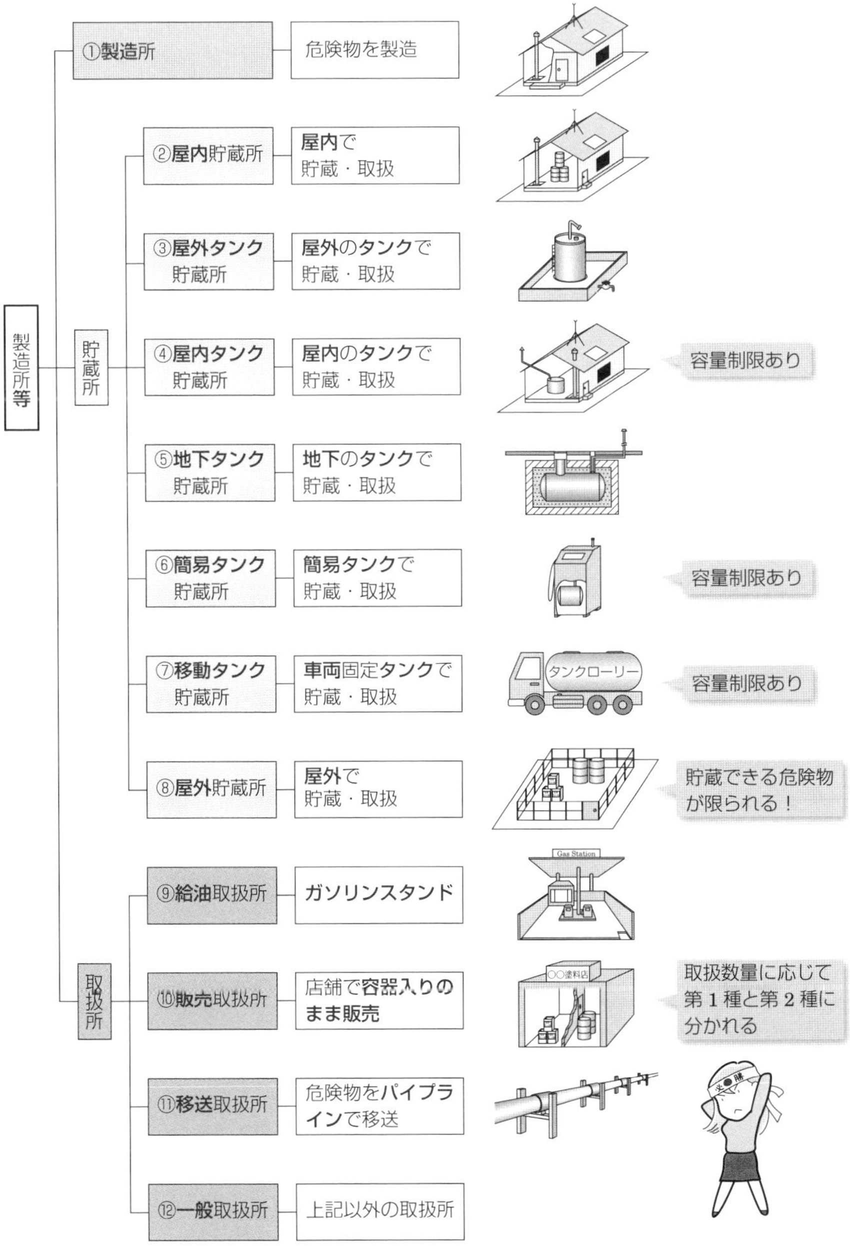
製造所等
①製造所
危険物を製造
貯蔵所
②屋内貯蔵所
屋内で
貯蔵・取扱
③屋外タンク
貯蔵所
屋外のタンクで
貯蔵・取扱
④屋内タンク
貯蔵所
屋内のタンクで
貯蔵・取扱
容量制限あり
⑤地下タンク
貯蔵所
地下のタンクで
貯蔵・取扱
⑥簡易タンク
貯蔵所
簡易タンクで
貯蔵・取扱
容量制限あり
⑦移動タンク
貯蔵所
車両固定タンクで
貯蔵・取扱
タンクローリー
容量制限あり
⑧屋外貯蔵所
屋外で
貯蔵・取扱
貯蔵できる危険物
が限られる！
取扱所
⑨給油取扱所
ガソリンスタンド
Gas Station
⑩販売取扱所
店舗で容器入りの
まま販売
○○塗料店
取扱数量に応じて
第１種と第２種に
分かれる
⑪移送取扱所
危険物をパイプラ
インで移送
⑫一般取扱所
上記以外の取扱所

製造所等の種類

販売取扱所は 2 種に分かれる

販売取扱所は，指定数量の倍数に応じて次の 2 種に分類されます。

第 1 種販売取扱所：指定数量の倍数が **15 以下**の販売取扱所

第 2 種販売取扱所：指定数量の倍数が **15 を超え 40 以下**の販売取扱所

これだけ！で合格ライン突破！

合格力養成 スピードテスト

①	［○・×］屋内に設置されたタンク内で危険物を貯蔵する施設を屋内貯蔵所という。
②	［○・×］店舗にて，容器入りの危険物を販売する施設を給油取扱所という。
③	［○・×］車両に固定されたタンクによって危険物を貯蔵または取扱をする施設を移送取扱所と呼ぶ。
④	［○・×］固定した給油設備によって自動車等への燃料タンクに直接給油するために，危険物を取り扱う施設を一般取扱所という。
⑤	屋外貯蔵所で貯蔵できるのは，第 2 類の硫黄と引火点 0℃以上の［A］，第 4 類のうち引火点［B］℃以上の物品である。
⑥	第 1 種販売取扱所での危険物の取扱数量は指定数量の倍数で［A］以下である。第 2 種販売取扱所の場合は，指定数量の［B］倍を超え［C］倍以下である。
⑦	［○・×］地下に埋没されたタンクにおいて危険物を貯蔵または取り扱う施設を給油取扱所という。
⑧	［○・×］黄リン，ナトリウム，カリウム，硫化リン，鉄粉，特殊引火物，ガソリン，アセトンはすべて屋外貯蔵所で貯蔵できない。

解答

①×　屋内タンク貯蔵所といいます。

②×　販売取扱所といいます。

③×　移動タンク貯蔵所といいます。タンクローリー等を指します。

④×　給油取扱所といいます。

⑤引火性固体，0（℃）

⑥A：15，B：15（倍），C：40（倍）

⑦×　地下に埋没されたタンクで貯蔵・取扱を行う施設は「地下タンク貯蔵所」です。多くのガソリンスタンドには地下タンクがあるので紛らわしいですが，間違えないようにしましょう。

⑧○　黄リン，カリウムは第3類，硫化リン，鉄粉は第2類です。ガソリン，アセトンは引火点0℃未満の第4類第1石油類です。問⑤のとおり，これらは貯蔵できません。

実践問題に Challenge!

問題1 製造所等の区分に関する以下の説明で誤っているものはどれか。

(1) 地盤面下に埋没されているタンクで危険物を貯蔵しまたは取り扱う施設を地下タンク貯蔵所という。

(2) 屋外に設置されたタンクにおいて危険物を貯蔵しまたは取り扱う施設を屋外タンク貯蔵所という。

(3) 車両に固定されたタンクにおいて危険物を貯蔵しまたは取り扱う施設を移動タンク貯蔵所という。

(4) 店舗において容器入りのまま販売するために危険物を取り扱う施設を一般取扱所という。

(5) 簡易タンクにおいて危険物を貯蔵しまたは取り扱う貯蔵所を簡易タンク貯蔵所という。

解答 (4)　このような施設を「販売取扱所」といいます。それ以外の項目はすべて正しい説明です。

問題2 製造所等の区分に関する説明で誤っているものはどれか。

(1) 店舗において容器入りのまま販売するために，指定数量の15倍以下の危険物を取り扱う施設を第1種販売取扱所という。

(2) 車両に固定されたタンクにおいて，危険物を貯蔵し，または取り扱うものを移送取扱所という。

(3) 屋外にあるタンクにおいて危険物を貯蔵し，または取り扱う施設を屋外タンク貯蔵所という。

(4) 屋内にあるタンクにおいて，危険物を貯蔵し，または取り扱う施設を屋内タンク貯蔵所という。

(5) 屋内において，危険物を貯蔵し，または取り扱う施設を屋内貯蔵所という。

解答(2)　このような施設を移動タンク貯蔵所といいます。それ以外の項目はすべて正しい説明です。

問題3 次の物品のうち，屋外貯蔵所で貯蔵できるもののみをあげている組合せはどれか。

(1) ギヤー油，軽油，ガソリン
(2) 重油，軽油，硫黄
(3) アセトン，クレオソート油，動植物油類
(4) 過酸化水素，硝酸，エタノール
(5) 黄リン，赤リン，硫黄

解答(2)　引火点0℃以上の第2類可燃性固体と硫黄，引火点0℃以上の第4類引火性液体が貯蔵可能です。

5-4 製造所等の設置手続

最重要 Point!

- 製造所等の設置・変更には**市町村長等の許可**が必要
- 製造所等の設置工事完了後には，**市町村長等**による**完成検査**を受ける
- **液体危険物タンクを持つ施設**においては，**完成検査**の前に**完成検査前検査**を受ける

1. 製造所等の設置・変更手続

製造所等を設置したり，変更したりする場合，まずは**市町村長等の許可**が必要です。以下の図に示すフローを理解しておきましょう。

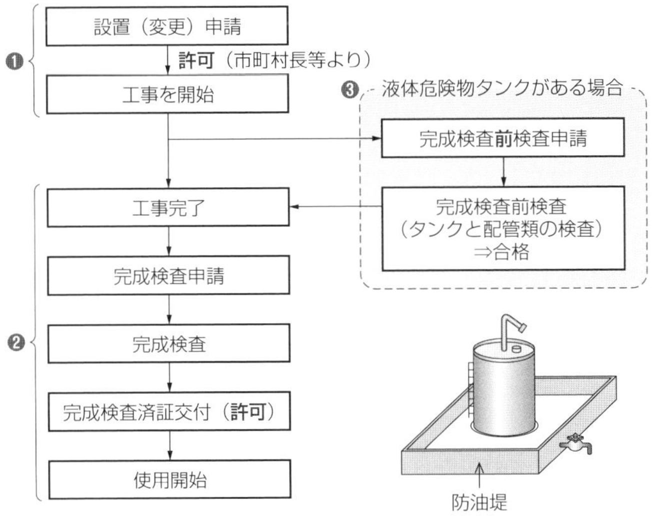

製造所等の設置・変更の流れ

❶ **市町村長等**に**許可をもらってから工事を開始**します。

❷ 工事完了後，完成検査を受けて**完成検査済証の交付を受けてから**（**許可を得てから**）施設を**使用できます**。

❸ **液体危険物タンク**がある施設の場合は，完成検査の前に「**完成検査前検査**（タンクと配管類の検査）」を受けます（その後，❷と同じ手順を踏みます）。

2. 許可権者は具体的には誰か？

市町村長等とは，「**市長・町長・村長**」だけではなく，「**都道府県知事・総務大臣**」も含まれます。市町村単独では管轄外の状況が含まれる場合に，都道府県知事や総務大臣が許可権者になります。

重要 市町村長は，管轄外の区域に対する許可はできません。複数区域にまたがる場合，その区域のすべてを管轄する**都道府県知事**や**総務大臣**が許可権者になります

市町村長・都道府県知事・総務大臣が許可権者になるケース分け

	製造所等の設置場所	許可権者(申請先)
ケース1	消防本部等を設置していない市町村内	都道府県知事
ケース2	消防本部等を設置する市町村内	市町村長
ケース3	2以上の市町村にまたがって設置	都道府県知事
ケース4	2以上の都道府県にまたがって設置	総務大臣

❶ **ケース1**：**消防本部等を持たない市町村内に設置**：市町村内に消防本部および消防署を持たないため，その市町村長は許可を出せません。その場合，**都道府県知事**が許可権者になります。

❷ **ケース2**：**消防本部等を設置する市町村内に設置**：**市町村長**が許可権者になります。

❸ **ケース3**：**2つ以上の市町村にまたがって設置される施設**（**移送取扱所が該当します**）：**どちらの市町村長**にも**管轄外の部分が含まれてしまう**ため，それらの区域を一括で管轄している**都道府県知事**が許可権者になります。

❹ **ケース4**：**2つ以上の都道府県にまたがって設置される施設**（**移送取扱所が該当します**）：**どちらの都道府県知事**にも**管轄外の部分があるため**，**総務大臣**が許可権者になります。

これだけ！で合格ライン突破！　合格力養成スピードテスト

①	［○・×］重油を貯蔵する屋外タンク貯蔵所の設置許可を受け，工事が完了した。その後，市町村長等による完成検査を受けることになる。
②	［○・×］液体危険物タンクを持つ施設を設置する場合，工事完了後に機能検査を受ける必要がある。
③	［○・×］2以上の都道府県にまたがる移送取扱所を設置する際，両都道府県知事の許可が必要である。
④	消防本部および消防署を置かない市町村の区域内に製造所等（移送取扱所を除く）を設置する場合には，この区域を管轄する［A］の許可が必要。

解答

①×　液体危険物タンクがある施設なので，完成検査の前に完成検査前検査が必要です。

②×　機能検査ではなく，完成検査前検査を受けます。

③×　2以上の都道府県にまたがっている場合，総務大臣に許可をもらいます。

④都道府県知事

実践問題にChallenge!

問題1 製造所等を設置または変更する際の手続きで，正しいものはどれか。

(1) 消防長または消防署長の許可を受ける。
(2) 市町村長等の許可を受ける。
(3) 工事に着手する10日以上前に市町村長等に届け出る。
(4) 工事に着手する10日以上前に消防長または消防署長に届け出る。
(5) 都道府県知事の承認を受ける。

解答 (2)　「市町村長等」の「許可」がないと設置工事に取り掛かれません。

第5章　危険物に関する法令・手続・危険物取扱者

問題2 製造所等の設置または変更工事が終了後，その施設を使用するのに必要な手続として，正しいものはどれか（タンク設備を除く）。

(1) 完成検査を受け，消防長または消防署長の許可を受ける。
(2) 完成検査を受け，市町村長等の許可（完成検査済証）を受ける。
(3) 工事が終了次第，使用できる。
(4) 都道府県知事の承認をもらう。
(5) 市町村長等に工事完了届を出せば使用できる。

解答 (2)　着工時に市町村長等の許可をもらったのと同じで，工事完了後に完成検査を受けて市町村長の許可をもらわなければなりません。

問題3 次のA～Cに入る語句の組合せで正しいものはどれか。

「製造所等（移送取扱所を除く）を設置しようとする者は，消防本部および消防署を置く市町村の区域においては［A］，それ以外の区域においては［B］の許可をもらう必要がある。また，工事終了後には，許可内容の通りに設置されているかどうか［C］を受けなければならない。」

	[A]	[B]	[C]
(1)	消防長または消防署長	市町村長	完成検査前検査
(2)	都道府県知事	総務大臣	完成検査
(3)	消防長	都道府県知事	機能検査
(4)	市町村長	総務大臣	完成検査前検査
(5)	市町村長	都道府県知事	完成検査

解答 (5)　基本は市町村長の許可ですが，消防本部および消防署がない地域は都道府県知事に許可をもらいます。

問題 4 次の施設を設置する際，完成検査前検査が必要なものはいくつあるか。

(ア) 第 4 類の危険物を貯蔵する屋内貯蔵所

(イ) 第 4 類の危険物を貯蔵する屋内タンク貯蔵所

(ウ) 第 4 類の危険物を貯蔵する屋外貯蔵所

(エ) 第 4 類の危険物を貯蔵する屋外タンク貯蔵所

(オ) 第 4 類の危険物を貯蔵する地下タンク貯蔵所

(1) 1 つ　(2) 2 つ　(3) 3 つ　(4) 4 つ　(5) 5 つ

解答 (3)　液体危険物タンクを有する施設は，完成検査の前に，完成検査前検査によりタンクや配管設備などの検査を受けなければなりません。よって，(イ)，(エ)，(オ) の 3 つが該当します。

5-5 承認・認可・届出の手続

最重要 Point!

- 許可，認可，承認をしっかりと区別して覚える
- 仮使用：**市町村長等**の**承認**を得て**工事に無関係なところ**を**工事期間中使うこと**
- 仮貯蔵・仮取扱：**消防長または消防署長**の**承認**を得て，製造所等以外の場所で**指定数量以上**の危険物を貯蔵・取り扱う。有効期間は**10日以内**
- 届出の手続は，危険物の品名・数量等の変更の場合のみ，**10日前までに市町村長等への届出が必要**。それ以外の届出は**遅滞なく**行う
- **予防規程**の制定と変更は，**市町村長等**の**認可**をもらう

1. 危険物に関する手続

危険物取扱者試験で問われる手続の内容を次の表にまとめます。

危険物に関する各種手続の一覧

手続	項目	説明	申請先
許可	製造所等の**設置・変更**	–	市町村長等
認可	**予防規定**の制定・変更	–	
承認	**仮使用**	製造所の変更工事中，工事に無関係な部分を**仮**に**使用**する	
	仮貯蔵・仮取扱い	製造所等以外で**指定数量以上**の危険物を**10日以内**，**仮に貯蔵・取扱い**を行う	**所轄消防長または消防署長**
届出	危険物の「**品名・数量・指定数量の倍数変更**」	変更しようとする日の**10日前まで**に届出	市町村長等
	危険物保安統括管理者，**危険物保安監督者**の選任・解任（注意：危険物施設保安員は届出不要） 製造所等の**譲渡**，**引渡**，**廃止**	所有者等が「**遅滞なく届出**」	

認可が必要な手続

予防規程の制定・変更を行うときに**市町村長等**の**認可**が必要です。**認可をもらう手続は予防規程のみだと覚えておくと簡単です。**

承認が必要な手続

承認をもらう手続には2種類あります。「**仮使用**」と「**仮貯蔵・仮取扱**」です。両者は内容も許可権者も全く異なるので，比較しながら覚えましょう。

❶ 仮使用

「製造所等の**変更工事中**に，**工事に無関係な場所**を**仮に使用**すること」をいいます。仮使用ができるのは**工事期間中**で，許可権者は**市町村長等**です。

❷ 仮貯蔵・仮取扱

指定数量以上の危険物は，製造所等でしか扱えないのが原則ですが，**仮貯蔵・仮取扱いの承認**を受けた場合，**10日以内**の期間，製造所等以外の場所で指定数量以上の危険物を貯蔵・取扱ができます。仮貯蔵・仮取扱の許可権者は，管轄の**消防長または消防署長**です。

届出が必要な手続

届出が必要な手続は，前述の表中に示したとおり，次の5つです。

- 貯蔵または取り扱う危険物の「**品名・数量・指定数量の倍数**」変更
- 危険物保安統括管理者[※1]の選解任
- 危険物保安監督者[※1]の選解任
- 製造所等の譲渡または引渡し
- 製造所等の用途の廃止

申請先はすべて「**市町村長等**」です。よく問われるポイントは申請時期です。『**危険物の品名・数量・倍数変更**』の場合のみ，**10日前までに届出**が必要です。それ以外は**遅延なく**市町村長等に**届出**ます。

重要 届出が必要なケースを問う問題で，「**危険物施設保安員[※1]の選解任時**」を問われることがあります。この場合，答えは×です。危険物施設保安員の選解任時は，**届出の義務はありません。**

※1 詳しくは5-7節で学びます。

合格力養成スピードテスト

①	製造所等の変更工事期間中に，工事に無関係な場所を仮に使用することを［A］という。この場合，［B］の［C］を得る必要がある。また，仮使用が可能な期間は［D］である。
②	製造所等以外の場所で，指定数量以上の危険物を仮に貯蔵し，または取り扱うことを［A］という。この場合，所轄の［B］の［C］を得る必要がある。また，仮貯蔵・仮取扱が可能な期間は［D］である。
③	［○・×］危険物の品名と数量を変更する場合，変更後遅延なく市町村長等に届け出る。
④	［○・×］予防規程を変更する際は，所轄消防長または消防署長に 10 日前までに届出を行う。
⑤	［○・×］危険物施設保安員を選任または解任するときには，遅延なく市町村長等に届出をする。

解答

①A：仮使用　B：市町村長等　C：承認　D：工事期間中

②A：仮貯蔵・仮取扱　B：消防長または消防署長　C：承認　D：10 日間

③×　10 日前までに届け出ます。

④×　市町村長等の認可が必要です。

⑤×　危険物保安統括管理者と危険物保安監督者の選解任時は，遅延なく市町村長等への届出が必要ですが，危険物施設保安員の場合，届出する義務はありません。

実践問題に Challenge!

問題1 仮使用の説明として正しいものは次のうちどれか。

(1) 指定数量以上の危険物を，製造所等以外の場所で 10 日間以内に限り仮に貯蔵し，または取扱することをいう。

(2) 製造所等の設置工事中に, 完成した部分のみを仮に使用することをいう。

(3) 製造所等の一部を変更する際，工事に無関係の場所を仮に使用することをいう。

(4) 製造所等の完成検査で，一部分の不適合により完成検査済証が交付されなかったとき，不適合部以外を仮に使用することをいう。

(5) 製造所等の工事が完了した後，完成検査を受ける前に試験的にその施設を使用することをいう。

解答 (3) 工事中に工事に関係ない場所を仮に使用することを仮使用といいます。その際,「市町村長等」の「承認」を得たうえで行います。(1) は「仮貯蔵・仮取扱」の説明です。(2)，(4)，(5) のような使い方はできません。

問題2 以下の文章の空欄に入る語句の組合せで正しいものはどれか。

製造所等の設置工事中，工事に無関係な部分を使用することを［A］という。その場合，［B］の［C］が必要である。また，製造所等以外の場所で，指定数量以上の危険物を貯蔵・取り扱うことを［D］という。この場合，［E］の［F］が必要である。

語句一覧：(イ) 仮使用　(ロ) 仮貯蔵・仮取扱　(ハ) 市町村長等
(ニ) 所轄消防長または消防署長　(ホ) 許可　(ヘ) 認可
(ト) 承認

	[A]	[B]	[C]	[D]	[E]	[F]
(1)	ロ	ニ	ヘ	イ	ハ	ホ
(2)	イ	ハ	ホ	ロ	ニ	ヘ
(3)	ロ	ニ	ト	イ	ハ	ト
(4)	イ	ハ	ト	ロ	ニ	ト
(5)	イ	ハ	ホ	ロ	ニ	ト

解答 (4)　仮使用は市町村長等，仮貯蔵・仮取扱は所轄消防長または消防署長宛です。両者とも，「承認」をもらいます（許可や認可ではないので注意）。

問題3 10日以内や10日前の制限があるものの組合せは次のうちどれか。

［A］市町村長等から承認をもらい，製造所等を仮使用できる期間（10日以内）。

［B］消防署長から仮貯蔵の承認をもらい，仮に貯蔵できる期間（10日以内）。

［C］予防規程を定めてから，市町村長等に認可申請する期間（10日以内）。

［D］危険物保安監督者の変更を，市町村長等に届出する期間（10日前まで）。

［E］貯蔵する危険物の品名・数量・指定数量の倍数を変更する際に，事前に市町村長等に届け出なければならない期間（10日前まで）。

(1) A，B　(2) B，E　(3) C，D　(4) B，D　(5) C，E

解答 (2)　A：工事期間中使用可能です。

C：10日という決まりはありません。

D：「遅延なく」届け出なければなりません。

問題4 市町村長等に届け出る必要がないものは次のうちどれか。

(1) 危険物保安統括管理者を定めたとき

(2) 危険物施設保安員を定めたとき

(3) 製造所等の譲渡を受けたとき

(4) 危険物保安監督者を定めたとき

(5) 貯蔵する危険物の数量を変更するとき。

解答 (2)　危険物施設保安員の選解任については，届け出る必要がありません。(1)，(3)，(4) は遅延なく市町村長等に届出を行います。(5) は変更したい日の10日前までに市町村長等に届出を行います。

5-6 危険物取扱者

最重要 Point!

- 免状関係の手続はすべて都道府県知事宛に行う
- **免状関係の手続➡**どの都道府県知事宛に行うかは，都道府県知事の立場になって考えればよい
- 免状関係の申請を行う都道府県：
  免状の**交付➡受験地**の都道府県知事
  免状の**書換，交付地➡居住地または勤務地**の都道府県知事
  免状の**再交付➡交付または書換**をした都道府県知事
- **丙種➡**危険物取扱への**立会いはできない。危険物保安監督者**になれない
- **甲種・乙種➡**危険物取扱への**立会いが可能。**実務経験**6か月以上**あれば**危険物保安監督者**になれる

1. 危険物取扱者

危険物取扱者とは？

❶ 都道府県知事の行う危険物取扱者試験に合格し，都道府県知事から免状の交付を受けた者です。免状は**全国で有効**です（どの県で取得してもよい）。

❷ 製造所等での危険物取扱を行うには，危険物取扱者が必要です。

❸ 危険物取扱者は，「法（第10条第3項）で定める**貯蔵または取扱の技術上の基準**を遵守するとともに，当該危険物の**保安の確保**について細心の注意を払わなければならない」です。

免状の種類

❶ 甲種・乙種・丙種の3種類があります。取り扱える種類や立会い可否，などの条件が異なります。

❷ 乙種は，1～6類の危険物に応じて6種類あります。甲種はすべての類の危険物を取扱可能です。

種	類	取扱可能な危険物	立会い可能な危険物	危険物保安監督者	危険物保安統括管理者	危険物施設保安員
甲	－	すべての危険物(1～6類)		実務経験 6か月以上	特に資格は定められていない	
乙	1類	取得した類の危険物		実務経験 6か月以上。 (なれるのは 取得した類のみ)		
	2類					
	3類					
	4類					
	5類					
	6類					
丙	－	第4類のうちの指定された危険物※	×(立会い不可)	×(なれない)		

※　ガソリン，灯油，軽油，第3石油類（重油，潤滑油および引火点130℃以上の物に限る），第4石油類，動植物油類。

（注）危険物保安監督者，危険物保安統括管理者および危険物施設保安員についての詳細は5-7節で学びます。

重要 **甲種はすべての類**の危険物，**乙種は取得している類**の危険物，**丙種は第4類のうちの限られた危険物**が扱えます。
甲種か乙種の危険物取扱者が立ち会うと，危険物取扱者でない人が危険物を扱えます。ただし，乙種が立ち会えるのは，取得した類の危険物です。
丙種危険物取扱者は立会いはできません。また，6か月以上の実務経験を積んでも，**危険物保安監督者**に**なれません**。

重要 **アドバイス**
出題されやすい丙種が扱えないものの例：×**エタノール**，×**固形アルコール**➡ **“屋外貯蔵所で貯蔵できない危険物” と混同しないように注意しよう！**

重要 **指定数量未満の危険物の取扱の場合は？**
製造所等で取り扱う場合 ➡ 危険物取扱者による取扱(または立会い)が必要
製造所等以外での取扱 ➡ 危険物取扱者である必要はない
【例】**自宅にて，20 L入りポリタンクからストーブのタンクに灯油を補充**

2. 免状関係の手続

免状の「**交付，書換，再交付**」手続について，「**どんなときに，誰に申請するか**」を理解しているかがよく問われます。それらを下の表にまとめます。

免状の「交付・書換・再交付」手続

<table>
<tr><th>手続</th><th>申請要件</th><th colspan="2">申請先</th><th>考え方
【重要】</th></tr>
<tr><td>交付</td><td>危険物取扱者試験に合格</td><td>受験した</td><td rowspan="6">都道府県の知事</td><td>試験は都道府県ごとに実施しているので，他の都道府県は無関係</td></tr>
<tr><td rowspan="3">書換</td><td>氏名が変わった</td><td rowspan="3">交付した
または
居住地
または
勤務地</td><td rowspan="3">元の免状の情報があるため，交付した知事以外でも書換可能</td></tr>
<tr><td>本籍地が変わった</td></tr>
<tr><td>免状の写真撮影日から10年経つ</td></tr>
<tr><td>再交付</td><td>免状を「亡失，滅失，汚損，破損」</td><td>交付した
または
書換をした</td><td>元の免状の情報が失われている（亡失，滅失等）ので，交付，書換をした都道府県知事（その人の情報を持っている）でないと再交付不能</td></tr>
<tr><td>亡失免状を発見</td><td>発見した免状を10日以内に提出</td><td>再交付を受けた</td><td>再交付した都道府県以外は再交付したことを把握していない</td></tr>
</table>

重要　危険物取扱者関係の手続は，すべて**都道府県知事**宛です。

どの都道府県に申請するか

上の表のように，手続内容によって申請できる都道府県が異なります。ただし，これらを丸暗記しなくても，以下および表の“考え方”に書かれた内容を理解しておけばわかりやすいでしょう。

重要　**自分の都道府県に情報がない者の免状には手が出せない！**

このように，**都道府県知事の立場**に立って考えれば，各ケースにおいてどの都道府県知事に手続ができるかが**暗記しなくても理解**できます。

免状の書換

免状の**書換**は，**免状の記載事項に変更がある際**に行います。免状の記載事項のうち，変更される可能性があるのは次の 3 点です。

① 氏名，② 本籍地（都道府県のみ），③ 顔写真（10 年ごとに更新が必要）

氏名や**本籍**に変更がなくても，**顔写真変更のために 10 年ごとに書き換え**ます。

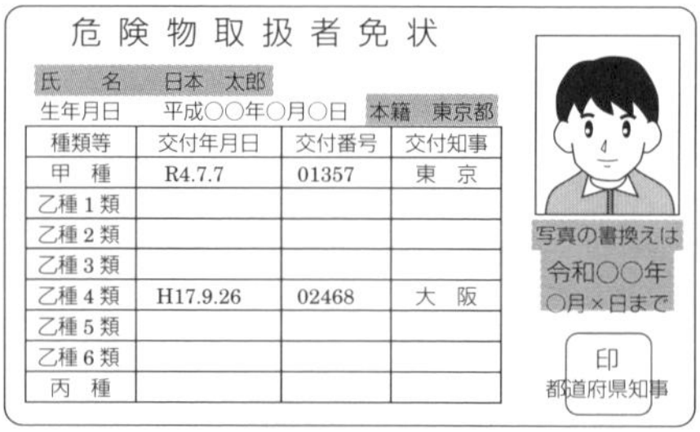

免状の例

重要　**住所が変わった場合は？➡書換不要（そもそも免状に住所の記載はない）**
同じ都道府県内で本籍地を変更した場合は？➡書換不要（免状には本籍地の“都道府県”しか記載されていないので，記載事項が変更にならない）

免状の返納・不交付

❶ 免状の返納

次に該当する場合は，**都道府県知事から**免状の**返納**が命じられます。

・**消防法**または**消防法に基づく命令の規定に違反**しているとき

重要　免状の返納命令を受けたら，**直ちに**危険物取扱者資格を**喪失**します！

❷ 免状の不交付

次に該当する場合は，**免状が交付されません**。

①過去に免状の**返納を命じられ**，その日から起算して **1 年が経過しない**場合

②**消防法または消防法に基づく命令の規定に違反し罰金以上**の刑に処され，その執行が終わって（または執行を受けなくなった日）から **2 年**を経過しない者

これだけ！で合格ライン突破！　合格力養成 スピード テスト

①	[○・×] 危険物取扱者試験に合格した時点で，その類の危険物取扱者となる。
②	[○・×] 丙種危険物取扱者は，エタノールを取り扱える。また，ガソリンの取扱に立ち会える。
③	[○・×] 危険物保安監督者になるためには，甲種または乙種危険物取扱者であることと，2年以上の実務経験を有することが必要である。
④	[○・×] 危険物取扱者試験に合格し，免状の交付申請を行う場合，全国のどの都道府県でも可能である。
⑤	[○・×] 免状の書換は，居住地の都道府県のみでできる。
⑥	免状の再交付は [A] または [B] をした都道府県で行う必要がある。
⑦	[○・×] 住所を変更した場合でも，免状を書き換える必要がある。
⑧	[○・×] 本籍地の都道府県を変更した場合，免状を書き換える必要がある。
⑨	[○・×] 同じ都道府県内で本籍が変わった場合，免状を書き換える必要がある。
⑩	免状を亡失して再交付を受けた者が，亡失した免状を発見した場合，[A] 日以内に提出しなければならない。提出先は，[B] 都道府県知事である。
⑪	免状の書換えが必要なのは，[A] または [B] を変更した場合と，免状の顔写真が撮影されてから [C] 年経つ場合である。
⑫	[○・×] 免状の返納命令を受けてから2年を経過しない者には免状が交付されない。
⑬	[○・×] 市町村長等は，危険物取扱者が消防法または消防法に基づく命令の規定に違反しているとき，免状の返納を命ずることができる。
⑭	危険物取扱者は，法で定める [A] または [B] の技術上の基準を遵守するとともに，当該危険物の [C] の確保について細心の注意を払わなければならない。

解答

①× 都道府県知事より免状の交付を受けなければなりません。
②× エタノールは扱えません。また，丙種は立会いできません。

③×　実務経験は６か月以上あれば良いです。
④×　免状の交付ができるのは，受験地の都道府県のみです。
⑤×　書換は「居住地」のほか，「交付した」および「勤務地」の都道府県でできます。
⑥A：交付，B：書換
⑦×　住所は免状に記載されていませんので，書換は不要です。
⑧○　本籍地の都道府県は免状への記載事項ですので，書換が必要です。
⑨×　免状に記載されているのは本籍の都道府県のみです。そのため，同じ都道府県内での本籍の変更の場合には書換は不要です。
⑩A：10日，B：再交付を受けた
⑪A，B：氏名，本籍地（順不同）C：10（年）
⑫×　１年です。
⑬×　返納命令は，都道府県知事から出されます。“免状関係の手続はすべて都道府県知事”というポイントを覚えておきましょう。
⑭　A：貯蔵　B：取扱　C：保安

実践問題にChallenge!

問題１ 危険物取扱者について，次のうち正しいものはどれか。

(1) 危険物取扱者試験に合格すると，危険物取扱者になる。
(2) 甲種危険物取扱者のみ，危険物保安監督者になれる。
(3) 丙種危険物取扱者が立ち会っても，危険物取扱者以外の者が危険物を取り扱うことはできない。
(4) 危険物施設保安員の立会いがあれば，危険物取扱者以外の者が危険物を取り扱うことができる。
(5) 丙種危険物取扱者はメタノールを自ら取り扱うことができる。

解答 (3)　丙種危険物取扱者は，危険物取扱者でない者の作業に立ち会うことはできません。

(1) は免状の交付を受ける必要があります。
(2) は，乙種もなれます。
(4) は，甲種か乙種の危険物取扱者でなければなりません。
(5) は，丙種はメタノールは扱えません。

問題2 丙種危険物取扱者が取り扱えない危険物は次のうちどれか。

(1) ガソリン

(2) エタノール

(3) 重油

(4) 第 3 石油類のうち引火点が 130℃以上のもの

(5) 動植物油類

解答 (2)　丙種が取り扱えるのは「ガソリン, 灯油, 軽油, 第 3 石油類（重油, 潤滑油, および引火点 130℃以上のものに限る）, 第 4 石油類, 動植物油類です。

問題3 危険物取扱者以外の者が危険物を取り扱う場合において, 正しいものは次のうちどれか。

(1) 甲種危険物取扱者が立ち会えば取り扱うことができる。

(2) 所有者等が取り扱う場合は, 危険物取扱者の立会いは不要である。

(3) 危険物施設保安員の立会いがあれば取り扱うことができる。

(4) 丙種危険物取扱者の立会いがあれば取り扱うことができる。

(5) 製造所等の所有者が立ち会えば取り扱うことができる。

解答 (1)　立会いが可能なのは, 甲種危険物取扱者と乙種危険物取扱者です（乙種の場合は取得した類のみ立ち会えます）。それ以外は立会い不可です。

問題4 危険物取扱者免状を亡失・滅失・汚損・破損した際の再交付申請について誤っているものは次のうちどれか。

(1) 勤務地の都道府県知事には再交付の申請ができない。

(2) 免状の交付を受けた都道府県知事に再交付の申請ができる。

(3) 免状の書換をした都道府県知事に再交付の申請ができる。

(4) 居住地の都道府県知事に再交付の申請ができる。

(5) 再交付後, 亡失した免状が見つかった場合, 10 日以内に亡失した免状を再交付した都道府県知事に提出しなければならない。

解答 (4)　免状が亡失・滅失・汚損・破損した場合は, 免状の記載事項が不明になっていることがポイントです。元の記載事項が不明なら,「交付した」

または「書換をした」都道府県知事でないと書換ができません（免状への記載事項の情報を持っていないためです）。

問題 5 免状の書換が必要なのは次のうちどれか。

(1) 勤務地が変わった。

(2) 本籍地の都道府県が変わった。

(3) 危険物保安講習を受講した。

(4) 現住所が変わった。

(5) 写真が撮影されてから 3 年が経過する。

解答 (2)　免状への記載事項が変更された場合，書換が必要です。「本籍地の都道府県」は免状への記載事項です。免状に現状所の記載はありません。写真が 10 年を超える前に書換が必要です。

問題 6 危険物取扱者について，誤っているのは次のうちどれか。

(1) 免状を亡失した場合，10 日以内に交付を受けた都道府県知事に届け出なければならない。

(2) 免状には，甲種，乙種，丙種がある。

(3) 免状は，交付を受けた都道府県だけでなく全国で有効である。

(4) 免状を亡失・滅失・汚損・破損した場合，免状の交付を受けたまたは書換をした都道府県知事に再交付の申請ができる。

(5) 危険物取扱者は，危険物の取扱作業に従事するときは，貯蔵または取扱の技術上の基準を遵守するとともに，当該危険物の保安の確保について細心の注意を払わなければならない。

解答 (1)　亡失した場合に，10 日以内に届ける規定はありません。10 日以内に届け出るのは，亡失して再交付を受けた後に，亡失した免状が見つかった場合です。

問題7 危険物取扱者免状について，次のうち誤っているものはどれか。

(1) 免状の種類には甲種，乙種，丙種がある。

(2) 免状の記載事項に変更が生じた場合は，書換が必要。

(3) 免状を紛失し再交付を受けた後，紛失した免状が見つかった場合，10日以内に再交付を受けた都道府県知事に提出する。

(4) 免状の書換は，居住地または勤務地の市町村長に対して行う。

(5) 都道府県知事から免状の返納命令を受けた場合，ただちに危険物取扱者の資格を失う。

解答 (4)　交付地か居住地か勤務地の“都道府県知事”に申請します。

問題8 法令上，免状が交付されない場合として，正しいものはどれか。

(1) 免状の返納命令を受けてから2年が経過しない者。

(2) 消防法または消防法に基づく命令の規定に違反して罰金以上の刑に課されて，その執行が終わってから2年を経過しない者。

(3) 消防法または消防法に基づく命令の規定に違反して罰金以上の刑に課されて，その執行が終わってから1年を経過しない者。

(4) 免状の返納命令を受けてから3年が経過しない者。

(5) 過去に免状の返納命令を受けた者は，二度と危険物取扱者免状の交付をを受けることはできない。

解答 (2)　免状の返納命令を受けてから1年を経過すれば交付を受けられる。消防法等違反の場合は，罰金刑以上が対象で，期間は2年間です。

5-7 危険物取扱の保安体制

最重要Point!

- ☑ 危険物保安監督者になる要件は，**甲種か乙種＋実務経験 6 か月以上**
- ☑ 危険物保安統括管理者と施設保安員は，危険物取扱者でなくてもよい
- ☑ 危険物保安監督者と危険物保安統括管理者の選解任時には市町村長等への遅延なき届出が必要だが，**危険物施設保安員は選解任時の届出は不要**
- ☑ 危険物保安監督者を必ず選任する施設**①製造所，②一般取扱所，③屋外タンク貯蔵所，④給油取扱所，⑤移送取扱所の 5 つ**
- ☑ **移動タンク貯蔵所のみ，条件によらず**危険物保安監督者の選任が不要

1. 危険物保安監督・危険物保安統括管理者・危険物施設保安員

製造所等の種類および取扱数量等に応じて，保安監督者，保安統括管理者，施設保安員を選任する必要があります。これらの条件や役割などを表にまとめます。

❶ 危険物保安監督者の選任を要する施設

単に暗記するのではなく，12 ある施設の中で，「**設備が複雑・事故時に周囲に与える影響が大きい**」5 施設が対象と理解すると覚えやすいです。

必ず選任する施設は 5 つ！

① **製造所**「**規模が大**きい（災害規模も大)」

② **一般取扱所**「**多様な施設形態**（業務内容が多様）である」

③ **屋外タンク貯蔵所**「大量の危険物を貯蔵し，かつ**タンク**が**屋外**にある」

④ **給油取扱所**「一般客も多く出入りし，住宅等とも隣接設置される」

⑤ **移送取扱所**「パイプラインで長距離にわたり危険物を移送」

選任不要な施設

それ自体移動してしまう：**移動タンク貯蔵所**

・**上記 5 施設以外は，取扱数量等によっては選任が必要になります**➡その条件は覚えなくてもよいです。

❷ 危険物保安統括管理者の選任を要する施設

・第 4 類を大量：(指定数量の **3000 倍**以上）に扱う**製造所**と**一般取扱所**

・**第 4 類を指定数量以上扱う移送取扱所**

❸ 危険物施設保安員の選任を要する施設

・指定数量の **100 倍**以上を扱う**製造所**と**一般取扱所**

・**すべて**の**移送取扱所**

以上の説明を次ページの表にまとめます。

危険物保安監督者，危険物保安統括管理者・危険物施設保安員の比較

	危険物保安監督者	危険物保安統括管理者	危険物施設保安員
役割	**製造所**等ごとの**保安**管理・監督	事業所内の**複数製造所等の統括した保安**管理体制の構築	製造所等ごとの施設保安
なれる人	**甲種・乙種**危険物取扱者 **+6か月以上の実務経験**	特に資格なし	
選任を要する製造所等	**製造所** **一般取扱所** **屋外タンク貯蔵所** **給油取扱所** **移送取扱所**	**第4類を3000倍以上扱う** ・**製造所** ・**一般取扱所** 第4類を指定数量以上扱う ・**移送取扱所**	指定数量の**100倍以上**を扱う ・**製造所** ・**一般取扱所** すべての（数量に関係なく） ・**移送取扱所**
選任不要な製造所等	**移動タンク取扱所**	上記以外	
条件により選任を要する	上記以外	−	−
業務内容	**基本は，製造所等内の日常の保安監督業務** ・危険物取扱作業の保安業務（作業者への指示等） ・災害時の応急処置，消防への通報 ・災害防止のための隣接製造所等との日頃の連絡 ・危険物施設保安員への必要な指示（保安員を置かない製造所等では，保安員の業務も行う）	事業所内の各製造所等の危険物保安監督者，危険物施設保安員を統括し，事業所全体での保安体制を統括管理する	**基本は，製造所等内の設備の基準適合維持の保安業務** ・定期，臨時点検の実施と措置，記録の保存 ・設備異常発見時の連絡と措置 ・火災時の応急処置 ・計測器等の機能保持
選解任手続	**遅延なく，市町村長等に届出**		**届出不要**
解任命令	**市町村長等は，** 消防法や消防法に基づく命令の規定に違反したときや，公共の安全や災害防止に支障があると認められる場合に，解任命令を出すことができる		特になし

2. 選任解任時の届出と解任命令

選任と解任は**所有者等**が行います。

選解任時の届出

危険物保安監督者・危険物保安統括管理者の選解任時は，**遅延なく市町村長等への届出**が必要です。一方で，**危険物施設保安員の選解任時は，届出は不要です。**

解任命令

危険物保安監督者・危険物保安統括管理者は，消防法や消防法に基づく命令の規定に違反したときや，公共の安全や災害防止に支障があると認められる場合には，**市町村長等**から**解任命令を受ける**ことがあります。一方で，そもそも，選解任時に市町村長等への届出義務がない危険物施設保安員に対しては，**解任命令が出される規定はありません**。

3. 自衛消防組織

規模が大きい危険物取扱施設では，**自衛消防組織**を編成することが義務付けられています。自衛消防組織の編成が必要な条件は，**危険物保安統括管理者を置かなければならない条件と同じ**です。つまり，「**第 4 類の危険物を 3000 倍以上扱う①製造所，②一般取扱所，および第 4 類の危険物を指定数量以上扱う③移送取扱所**で選任が必要です。

これだけ！で合格ライン突破！　　合格力養成 スピード テスト

①	危険物の種類，取扱数量にかかわらず，危険物保安監督者を選任する必要がある施設は［A］，［B］，［C］，［D］，［E］の 5 施設である。
②	条件によらず，危険物保安監督者の選任が不要な施設は［　］だけある。
③	［○・×］製造所の構造を変更する場合，危険物保安監督者が手続を行う必要がある。
④	［○・×］危険物保安監督者は，危険物施設保安員の指示のもと業務を行う。

⑤	［○・×］危険物施設保安員の選解任時は，遅延なく市町村長等への届出が必要。
⑥	［○・×］危険物保安統括管理者および危険物施設保安員は，甲種または乙種危険物取扱者でなければならない。
⑦	第 4 類危険物の取扱量が指定数量の［A］倍以上の製造所および［B］は，危険物保安統括管理者を置く必要がある。
⑧	［○・×］第 4 類危険物の取扱量が指定数量の 3000 倍未満の移送取扱所は，危険物保安統括管理者を置く必要はない。
⑨	取扱量が指定数量の［A］倍以上の製造所および［B］は，危険物施設保安員を置く必要がある。
⑩	［○・×］取扱量が指定数量の 50 倍の移送取扱所は，危険物施設保安員を置く必要はない。

解答

①A：製造所，B：一般取扱所，C：屋外タンク貯蔵所，D：給油取扱所，E：移送取扱所（順不同で可）

②移動タンク貯蔵所

③×　これらの手続は保安監督ではなく所有者等が行います。

④×　指示関係が逆です。

⑤×　施設保安員選解任時の届出は不要です。

⑥×　危険物保安統括管理者および危険物施設保安員は，危険物取扱者である必要はありません。

⑦A：3000（倍），B：一般取扱所

⑧×　第 4 類を指定数量以上扱う移送取扱所では統括管理者が必要です。

⑨A：100（倍），B：一般取扱所

⑩×　移送取扱所は，数量に関係なく危険物施設保安員を置く必要があります。

実践問題に Challenge!

問題 1　一定数量以上の第 4 類の危険物を取り扱う場合において，危険物保安統括管理者を定めなければならない製造所等はどれか。

(1) 屋内貯蔵所　(2) 給油取扱所　(3) 移送取扱所

(4) 屋外タンク貯蔵所　(5) 地下タンク貯蔵所

解答 (3)　保安統括管理者は第4類を指定数量以上扱う「移送取扱所」で必要。その他，第4類を3 000倍以上扱う「製造所」，「一般取扱所」でも必要。

問題2 危険物保安監督者について，誤っている記述は次のうちどれか。
(1) 製造所は数量に無関係に選任する必要がある。
(2) 移動タンク貯蔵所には選任の必要がない。
(3) 危険物保安監督者を選解任した際は，10日以内に市町村長等に届け出なければならない。
(4) 丙種危険物取扱者は，危険物保安監督者になれない。
(5) 危険物保安監督者を選任するのは，製造所等の所有者等である。

解答 (3)　選解任の際は，遅延なく届け出なければなりません。

問題3 危険物保安監督者について，誤っている記述はどれか。
(1) 甲種または乙種危険物取扱者で，6か月以上危険物取扱業務に従事した者は，危険物保安監督者になる資格を有する。
(2) 丙種危険物取扱者は危険物保安監督者になれない。
(3) 危険物保安監督者は危険物施設保安員の指示のもとで業務をする。
(4) 移送取扱所は危険物保安監督者を選任する必要がある。
(5) 危険物保安監督者の選解任の際は，遅延なく市町村長等に届け出る必要がある。

解答 (3)　危険物保安監督者は，危険物施設保安員に適正な指示を与える立場です。

問題4 危険物保安監督者を選任しなくてもよい製造所は次のうちどれか。
(1) 製造所
(2) 屋外タンク貯蔵所
(3) 移送取扱所
(4) 移動タンク貯蔵所
(5) 給油取扱所

解答 (4) 移動タンク貯蔵所は，数量に無関係に保安監督者の選任義務がありません。

問題5 危険物保安監督者の業務について，誤っているものはどれか。

(1) 製造所等の位置・構造または設備等を変更する際，これらに係る法令上の手続を行う。

(2) 危険物の取扱に従事する者に対して，危険物の貯蔵または取扱に関する技術上の基準に適合するように必要な指示を与える。

(3) 火災等の災害防止に関して，隣接する製造所等の関連施設の関係者との連絡を保つこと。

(4) 危険物施設保安員を置く製造所等においては，危険物施設保安員に適切な指示を行うこと。

(5) 火災等の災害が発生したときは，作業者を指揮して適正な措置を講じるとともに，ただちに消防機関等に連絡をすること。

解答 (1) この手続を行うのは，製造所等の所有者等です。危険物保安監督者の業務は，あくまでも「危険物取扱施設内の日常の保安の確保」です。製造所等の位置・構造・設備変更などは日常の保安業務ではありません。

問題6 次の記述で誤っているものはどれか。

(1) 危険物施設保安員は，その施設で扱っている危険物の危険物取扱者でなければならない。

(2) 危険物保安統括管理者は，危険物取扱者でなくてもよい。

(3) 危険物施設保安員の選解任には，市町村長等への届出は不要。

(4) 危険物保安統括管理者の選解任時は，市町村長等に届出が必要。

(5) 危険物保安統括管理者および危険物施設保安員は，危険物取扱者である必要はない。

解答 (1) 危険物施設保安員は，危険物保安統括管理者同様，危険物取扱者である必要はありません。

5-8 保安講習

最重要 Point!

- 保安講習を受けるのは危険物取扱作業に従事している危険物取扱者
- 保安講習の受講時期を理解しよう
- 保安講習は，全国どこで受けても有効

1. 保安講習とその受講対象

受講の対象者

「**危険物取扱作業に従事する危険物取扱者**」は，定期的に**保安講習**を受ける必要があります。講習は，**全国のどの都道府県で受けても有効**です。

保安講習の受講対象者

危険物取扱作業	危険物取扱者	危険物取扱者でない
従事している	**受講が必要**	受講不要
従事していない	受講不要	受講不要

受講の時期

❶ 継続して危険物取扱作業に従事している場合

免状交付または講習受講日以降の最初の**4月1日から3年以内**に受講します。

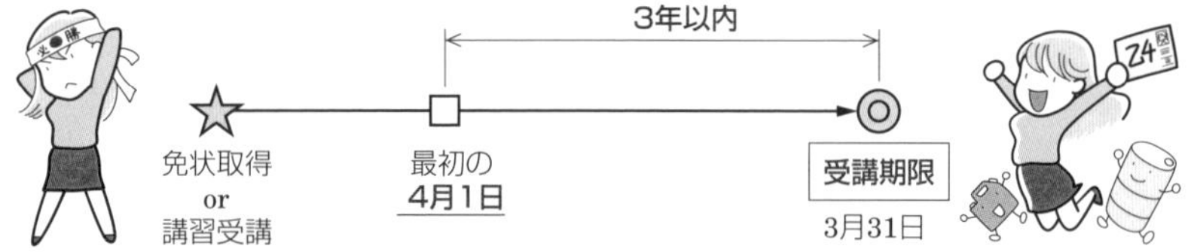

❷ 新たに危険物取扱作業に従事することになった場合

i）**従事することになった日**から**1年以内**に受講します。

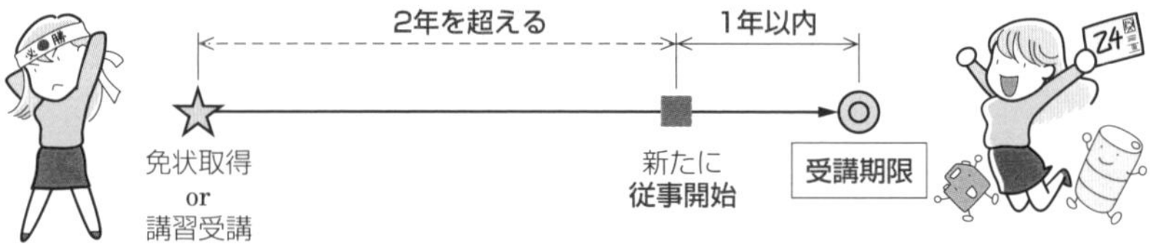

ただし，危険物取扱作業に**従事することになった日の過去 2 年以内に免状の交付または保安講習を受けている**場合は，次の ii）のとおり受講します。

ii）**免状交付日または保安講習受講日以降の最初の 4 月 1 日から 3 年以内に受講します**（つまり，上記❶と同じ受講タイミングになる）。

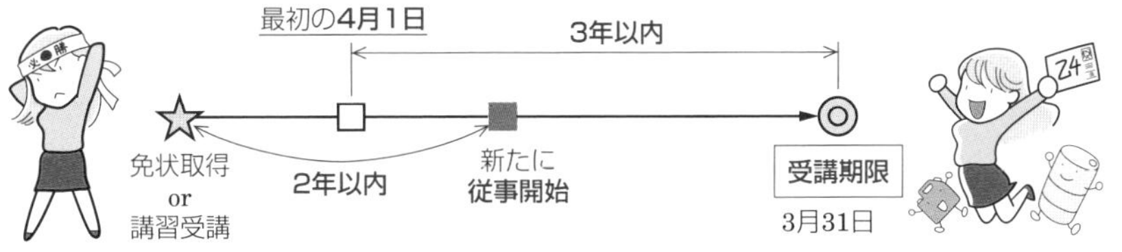

これだけ！で合格ライン突破！ 合格力養成 スピード テスト

①	[○・×] 危険物取扱作業に従事していない危険物取扱者も，決められた時期に保安講習を受講する必要がある。
②	[○・×] 危険物取扱者でない者も含めて，危険物取扱作業に従事する者は，決められた時期に保安講習を受講しなければならない。
③	[○・×] 保安講習は，全国のどの都道府県で受講してもよい。
④	[○・×] 免状の交付を受けて 1 年後に，危険物の取扱作業に従事することになった場合，従事することになった日から 1 年以内に保安講習を受けなければならない。
⑤	[○・×] 5 年前に免状の交付を受けた者が，新たに危険物の取扱作業に従事することになった場合，従事し始めた日から 1 年以内に保安講習を受講する必要がある。
⑥	[○・×] 危険物保安監督者は，5 年に 1 度，保安講習を受講しなければならない。

解答

①× ②× 危険物取扱業務に従事している危険物取扱者以外は保安講習の受講義務はありません。

③○ 免状と同じで，全国で有効です。

④× この場合，免状の交付を受けた日から 2 年以内なので，免状交付日以降の最初の 4 月 1 日から 3 年以内に受講すればよいです。

⑤○ 免状交付から 2 年を超えているので，1 年以内に講習を受講します。

⑥× 危険物保安監督者だけの受講条件はありません。危険物保安監督者は危険物取扱者でもありますので，受講条件は危険物取扱者と同じです。

実践問題に Challenge!

問題1 危険物保安講習について，正しいものは次のうちどれか。

(1) 危険物の取扱作業に従事していない危険物取扱者は受講不要である。

(2) すべての危険物取扱者に，受講の義務がある。

(3) 危険物施設保安員は保安講習の受講義務がある。

(4) 危険物保安監督者に選任された者は，直ちに受講が必要である。

(5) 法令に違反した危険物取扱者が受講するものである。

解答(1)　受講の義務があるのは，「①危険物取扱者」かつ「②危険物取扱作業従事者」です。①と②の両方に該当する場合のみ，受講が必要です。

問題2 危険物保安講習に関する以下の説明文の空欄に入る事項として正しい組合せはどれか。

「製造所等において新たに危険物取扱作業に従事する危険物取扱者は，当該作業に従事することになった日から［A］年以内に講習を受講しなければならない。ただし，当該取扱作業に従事することになった日から［B］以内に免状の交付を受けている場合または講習を受けている場合，免状の交付を受けた日または講習を受けた日以降の最初の4月1日から［C］以内に受講すればよい。また，受講する都道府県は，［D］」。

	［A］	［B］	［C］	［D］
(1)	3	5	10	どの都道府県でもよい
(2)	3	4	5	居住地の都道府県のみである
(3)	1	3	5	居住地の都道府県のみである
(4)	1	2	3	どの都道府県でもよい
(5)	1	2	3	居住地の都道府県のみである

解答(4)　新たに作業に従事することになった場合は，その時点で免状交付または講習受講日から2年が経っているかどうかがポイントになります。

5-9 予防規程と定期点検

最重要 Point!

- 予防規程に定める事項は，「**施設内の火災予防**」に関わる事項
- 予防規程の制定・変更の際には，**市町村長等の認可**が必要
- 予防規程が必要な**7施設**と定期点検が必要な**9施設**を覚えよう
- 定期点検が実施できるのは，「**危険物取扱者（甲・乙・丙）**」，「**危険物取扱者の立会いがある人**」，「**危険物施設保安員**」。**丙種も立会いが可能**
- 定期点検は**1年に1回以上**実施し，その記録を**3年間保存**する（例外あり）記録する事項は，「**いつ，どこで，誰が，どのように**」

1. 予防規程

予防規程とは

❶ **予防規程**とは：製造所等の**火災予防のため**の**事業所内の保安基準**のことです。

❷ **認可を受ける**：予防規程の制定・変更には，**市町村長等の認可**が必要です。

❸ **作成・申請者**：その施設の**所有者等**（所有者，占有者，管理者）が作成し，市町村長等に認可申請をします。

❹ **変更命令**：**市町村長等**は，必要に応じ**所有者等に対し**て予防規程の**変更命令**を出すことができます。

予防規程が必要な施設

合計で**7施設**あり，うち**5つは保安距離が必要な施設**（6-1節）**と同じです。**

❶ **給油取扱所**と**移送取扱所**は**必ず定めます。これらは，事故時に公共に及ぼす影響が大きいためだと理解しましょう。**

❷ **保安距離を要する施設**で**一定量以上**の危険物を扱う以下の**5施設**も必要です。

①製造所，②屋内貯蔵所，③屋外タンク貯蔵所，④屋外貯蔵所，⑤一般取扱所

上の①は**規模が大**，②③④は「**屋内○○・屋外○○**」と名が付く4つの施設**の中で，屋内タンク貯蔵所のみ対象外と覚える**，⑤は**多様な取扱形態**です。

予防規程に定める内容

重要　予防規程には，**施設内での火災予防に関すること**を定めます。
【例】保安のための**組織**，**危険物保安監督者不在時の代行者**，**教育・訓練**，**点検・補修**，**運転・操作法**，作業基準，**災害時対応**（**地震や津波を含む**），**保安記録**等

重要　予防規程に定める事項を問う問題で『**製造所等で発生した火災および消火のために受けた損害調査に関すること**』などと問われたら，**誤りです**。予防規程は『**施設の火災予防に関する規程**』ですので，災害後のことや火災予防に直接関係のないものは含まれません。このように考えれば，予防規程に定めることを個々に暗記しなくても正解できます！

予防規程と定期点検が必要な製造所等

<table>
<tr><th></th><th>予防規程</th><th>定期点検</th></tr>
<tr><td>製造所</td><td>指定数量10倍以上</td><td>指定数量10倍以上＋地下タンクあり</td></tr>
<tr><td>屋内貯蔵所</td><td colspan="2">指定数量150倍以上</td></tr>
<tr><td>屋外タンク貯蔵所</td><td colspan="2">指定数量200倍以上</td></tr>
<tr><td>屋外貯蔵所</td><td colspan="2">指定数量100倍以上</td></tr>
<tr><td>地下タンク貯蔵所</td><td rowspan="2">予防規程不要</td><td>すべて</td></tr>
<tr><td>移動タンク貯蔵所</td><td>すべて</td></tr>
<tr><td>給油取扱所</td><td>すべて</td><td>地下タンクありの場合</td></tr>
<tr><td>移送取扱所</td><td>すべて</td><td>すべて</td></tr>
<tr><td>一般取扱所</td><td>指定数量10倍以上</td><td>指定数量10倍以上＋地下タンクあり</td></tr>
</table>

2. 定期点検

定期点検とは

特に**タンク設備**と**配管類**を**定期的に点検**し，事故を防ぐために行われます。

❶**点検可能者**：a. **危険物取扱者**（**甲，乙，丙**）および**その立会いを受けた者**（**丙種も立会い可能**），b. **危険物施設保安員**（**危険物取扱者でなくても可**）

❷**点検時期**：原則，**1年に1回以上**（**例外はあるが，それを覚える必要はない**）

❸**保存期間**：原則，点検記録を**3年**保存

❹**定期点検記録への記載事項**：「**いつ，どこで，誰が，どのように**」の情報を記録します⇒**点検実施日**《いつ》，**施設名称**《どこで》，**点検者**《だれが》，**方法**《どの》**と結果**《ように》

定期点検を実施する必要がある施設

定期点検が必要な施設は，予防規程が必要な施設に対して，**地下タンク貯蔵所**と**移動タンク貯蔵所**の **2 施設を加えた**合計 **9 施設**です。

重要　定期点検を必ず実施する施設

地下タンク貯蔵所　➡　地下にあるので漏えいが見えない
移動タンク貯蔵所　➡　走行中に漏洩が起こると大事故を招く
移送取扱所　➡　漏えいすると広範囲に影響を及ぼす

定期保安検査

❶政令で定める**屋外タンク貯蔵所**（**特定屋外タンク貯蔵所**と呼ぶ）及び**移送取扱所**（**特定移送取扱所**と呼ぶ）は，**市町村長等**が行う**定期保安検査**を受けます。

❷検査の対象：特定屋外タンク貯蔵所（容量 **10000 kL 以上**のもの），特定移送取扱所（長さが **15 km を超える**もの。最大常用圧力が 0.95 MPa 以上で長さが 7 ～ 15 km 以下のもの）

❸検査時期：**屋外タンク貯蔵所**は原則 **8 年に 1 回**（特例措置あり），**移送取扱所**は原則 **1 年に 1 回**です。

❹検査内容：屋外タンク貯蔵所はタンク底部の**板厚**及び**溶接部**，移送取扱所は**構造**と**設備**の検査を行います。

臨時保安検査

容量 **1000 kL 以上**の特定**屋外タンク貯蔵所**は，1/100 以上の不等沈下などの特定の事由が生じた際に，**臨時保安検査**を受けます。

これだけ！で合格ライン突破！　合格力養成スピードテスト

①	［○・×］予防規程を定める場合，市町村長等の許可が必要である。
②	［○・×］予防規程は，当該製造所等の危険物保安監督者が定める。
③	［○・×］自衛消防組織をもつ製造所等は予防規程を定める必要がない。
④	［○・×］火災予防のために必要と認められる場合，消防長または消防署長から予防規程の変更命令を受ける。
⑤	［○・×］予防規程が必要な施設で危険物取扱業務に従事する場合，危険物取扱者でなくても予防規程を守らなければならない。
⑥	［○・×］地下タンク貯蔵所は予防規程の制定と定期点検の両方が必要。
⑦	［○・×］移動タンク貯蔵所は予防規程を定めなくてよいが，定期点検は必要。
⑧	［○・×］地下タンクを有する給油取扱所は，予防規程の制定と定期点検の両方が必要。
⑨	［○・×］危険物施設保安員は，危険物取扱者でなくても定期点検を実施できる。
⑩	［○・×］危険物保安統括管理者は，危険物取扱者でなくても定期点検を実施できる。
⑪	［○・×］丙種危険物取扱者の立会いがあれば，危険物取扱者でない者が定期点検を実施できる。
⑫	原則，定期点検は［A］年に1回以上実施し，その記録は［B］年間保存する。
⑬	［○・×］定期点検の結果は，遅延なく市町村長等に届け出なければならない。
⑭	保安検査は，特定の［A］貯蔵所と［B］取扱所に対して市長村長等が行う。

解答

①×　市町村長等の**認可**をもらいます。許可ではありません。
②×　所有者等が定めます。
③×　そのような決まりはありません。
④×　**市町村長等から**変更命令を受けます。
⑤○　予防規程は，その製造所等の所有者や従業員を含む全員が守る必要があります。保安講習の受講対象者と混同しないようにしましょう。
⑥×　予防規程は不要ですが，定期点検は必要です。
⑦○

⑧○

⑨○

⑩×　危険物保安統括管理者というだけでは，定期点検の実施資格はありません。

⑪○

⑫A：1（年）　B：3（年）　点検は原則1年に1回実施し，記録は3年保存します。

⑬×　結果を3年間保存しますが，届出の義務はありません。

⑭A：屋外タンク貯蔵所，B：移送取扱所

実践問題に Challenge!

問題1 次にあげる製造等のうち，指定数量の倍数によっては予防規程を定めなければならないものの組合せはどれか。

A：製造所

B：屋外タンク貯蔵所

C：屋内タンク貯蔵所

D：屋内貯蔵所

E：地下タンク貯蔵所

(1) A，B，C　(2) A，B，D　(3) B，D，E

(4) A，D，E　(5) C，D，E

解答 (2)　屋内・屋外の名のつく4施設のうち，屋内タンク貯蔵所のみ予防規程が不要です。また，地下タンク貯蔵所は予防規程は不要です。

問題2 予防規程に関する説明で誤っているものはどれか。

(1) 予防規程を制定または変更するには，市町村長等の認可が必要。

(2) 市町村長等は，火災予防のために必要であれば，予防規程の変更を命ずることができる。

(3) 予防規程は，危険物保安監督者が定める。

(4) 予防規程は，危険物取扱者のみではなく，当該施設で危険物の取扱業務に従事するすべての者が従う必要がある。

(5) 予防規程には，製造所等の火災予防に必要な事項が定められている。

解答 (3)　定めるのは「所有者等」である。制定と変更には，市町村長等の「認可」が必要（許可ではないことに注意）です。

問題3 次にあげる製造等のうち，取扱数量等に関係なく定期点検を行わなくてもよいものの組合せはどれか。

A：簡易タンク貯蔵所

B：屋外タンク貯蔵所

C：屋内タンク貯蔵所

D：移動タンク貯蔵所

E：地下タンクを有する給油取扱所

(1) A，B　(2) A，C　(3) B，C

(4) C，D　(5) D，E

解答 (2)　予防規程が必要な7施設に加えて，「地下タンク貯蔵所」と「移動タンク貯蔵所」を加えて9施設が対象です。

問題4 次の施設のうち，指定数量の倍数に無関係に定期点検を行わなければならない施設はいくつあるか。

「製造所，屋外タンク貯蔵所，屋外貯蔵所，地下タンク貯蔵所，移動タンク貯蔵所，移送取扱所，一般取扱所」

(1) 1つ　(2) 2つ　(3) 3つ　(4) 4つ　(5) 5つ

解答 (3)　必ず必要なのは，「地下タンク貯蔵所・移動タンク貯蔵所・移送取扱所」の3つです。

問題5 定期点検について，次のうち正しいものはどれか。ただし，規則で定める漏れの点検および固定式の泡消火設備に関する点検を除く。

(1) 危険物取扱者が立ち会った場合でも，危険物取扱者以外の者は点検を実施できない。

(2) 定期点検は，3年に1回行わなければならない。

(3) 定期点検記録の保存期間は原則1年間である。

(4) 危険物施設保安員は定期点検を実施できる。

(5) 定期点検を実施した場合，所轄消防署長に報告を行う必要がある。

解答 (4) 定期点検が実施できるのは「危険物取扱者」，「危険物取扱者の立会いを受けた者（丙種も立会OK）」，「危険物施設保安員」です。点検は1年に1回以上行い，記録は3年保存します（例外あり）。

問題6 次のうち，定期点検を実施できないケースはどれか。

(1) 丙種危険物取扱者の立会いを受けた，免状の交付を受けていない者。

(2) 免状の交付を受けていない危険物施設保安員。

(3) 乙種危険物取扱者の立会いを受けた，免状の交付を受けていない者。

(4) 丙種危険物取扱者。

(5) 免状の交付を受けていない，危険物保安統括管理者。

解答 (5) 危険物取扱者の立会いを受けていない無資格者で，唯一定期点検を実施できるのは「危険物施設保安員」です。

問題 7 定期点検の記録に記載する事項に定められていないものはどれか。

(1) 定期点検の実施年月日。
(2) 定期点検を実施した製造所等の名称。
(3) 定期点検を実施した施設の設置年月日（設備の使用年数)。
(4) 定期点検の方法と結果。
(5) 定期点検の実施者。

解答 (3) 「いつ・誰が・どこで・どのように」の項目が必要です。(3) は定期点検の実施日（いつ？）ではなくこの施設が設置された日であり，定期点検の記録に記載する事項ではありません。

問題 8 定期点検について，法令で定められていない項目はどれか。

(1) 定期点検を実施しなければならない時期について。
(2) 定期点検を実施できる者について。
(3) 定期点検記録への記載内容について。
(4) 定期点検記録を保存する期間について。
(5) 定期点検の結果の報告先と報告時期について。

解答 (5) そもそも，定期点検の結果は記録して保存する（原則 3 年間保存）ことになっています。報告を行うものではないため，(5) の記述は定められていません。

第6章

製造所等および設備の基準

6章の動画は
ここから！

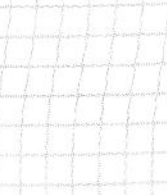

6-1 保安距離と保有空地

最重要 Point!

- 保安距離が必要な施設と，**保安距離〔m〕**を覚えよう
- 保安距離を置く必要がある**5つの施設**を覚えよう
- 保有空地が必要な7**施設**を覚えよう。また，そのうちの5**施設は保安距離が必要な施設と同じ**であることを押さえておこう
- 保有空地には，**物品等，何も置いてはいけない**

1. 保安距離

製造所等での災害発生時，付近の**建築物等**（**保安対象物**）に被害が及ぶことを防ぐために，製造所等と保安対象物との間に確保する距離を**保安距離**といいます。次の図に示す保安対象物と保安距離を覚えましょう。

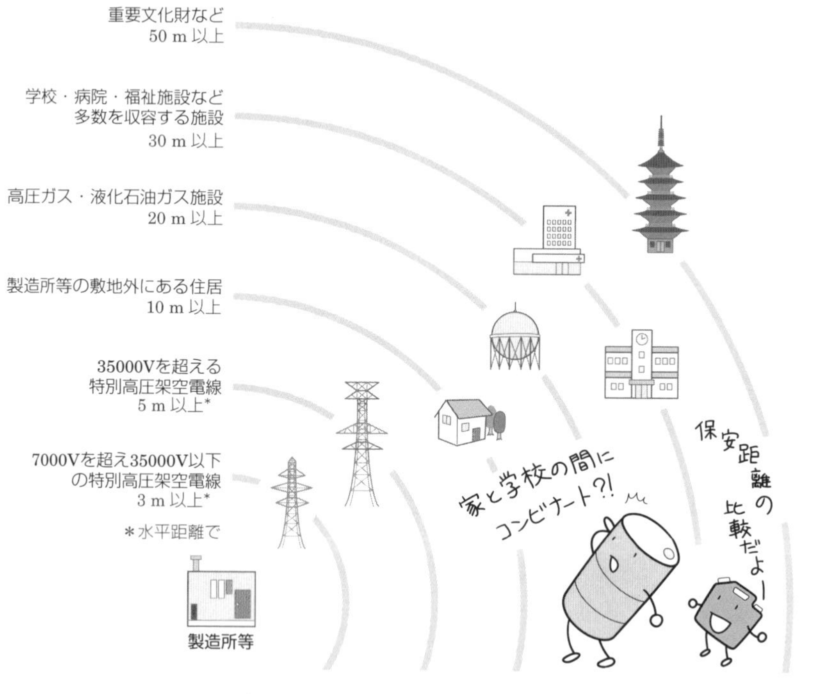

保安対象物と保安距離の関係

保安距離が必要な製造所等は，次の表に示す5**施設**です。また，この後に説明する「**保有空地**」が必要な7施設も表に示します。保安距離が必要な5施設は，保有空地が必要な7施設と重複しますので，セットで覚えると便利です。

また，保安距離が必要な5つの施設は，5-9節で学んだ予防規程と定期点検が必要な施設とも重複しています。これらを押さえておくと覚えやすいでしょう。

重要　**学校等の多数の人を収容する施設の補足**

❶ “学校”とは，幼稚園，小・中・高校*，特別支援学校，高等専門学校（高専）を指します（**大学などは含みません**）。

　＊　義務教育学校，中等教育学校を含む。

❷ 学校，病院，福祉施設のほかに，劇場，映画館など300人以上を収容する施設も含みます。

保安距離と保有空地が必要な施設

<table>
<tr><th></th><th>施設名</th><th>保安距離</th><th>保有空地</th><th>覚え方･考え方</th></tr>
<tr><td>1</td><td>製造所</td><td colspan="2" rowspan="5">○必要</td><td>製造所は大規模なので必要</td></tr>
<tr><td>2</td><td>一般取扱所</td><td>「一般＝多様な形態」なので必要</td></tr>
<tr><td>3</td><td>屋内貯蔵所</td><td rowspan="3">屋外○○，屋内○○と名のつく4施設のうち，屋内タンク貯蔵所以外の3施設に必要</td></tr>
<tr><td>4</td><td>屋外貯蔵所</td></tr>
<tr><td>5</td><td>屋外タンク貯蔵所</td></tr>
<tr><td>6</td><td>簡易タンク貯蔵所（屋外設置の場合）</td><td rowspan="2">×不要</td><td rowspan="2">○必要</td><td rowspan="2">保安距離が必要な施設に対して，2施設を加えて合計7施設で保有空地が必要</td></tr>
<tr><td>7</td><td>移送取扱所</td></tr>
</table>

こう覚えよう

・**製造所**（**一般的に規模が大きい**）と**一般取扱所**（**多様な施設形態のものを含む**）が対象です。

・**屋内○○，屋外○○と名のつく4施設**（屋内貯蔵所，屋外貯蔵所，屋内タンク貯蔵所，屋外タンク貯蔵所）のうち，**屋内タンク貯蔵所のみ対象外**です。

・保有空地が必要な施設は，保安距離が必要な5施設に，**簡易タンク貯蔵所**（**屋外設置のもの**）**と移送取扱所を加えた，合計7施設です**。

2. 保有空地

火災時の消防活動・延焼防止のために，製造所等の周囲に空地を確保します。これを保有空地と呼びます。保有空地には，**物品等を置いてはいけません**。

重要　保有空地には，**物品等を置けません（何も置いてはいけません）**。

保有空地が必要なのは，前ページの表に示した**7施設**です。保安距離が必要な5施設とセットで覚えましょう。

保有空地

保有空地の**幅は，製造所等の種類および取扱数量等に応じて異なります**。これらの細かい分類は覚える必要はありません。以下の表に示すように，**製造所と一般取扱所における保有空地の幅**が問われることがあるので，知っておきましょう。

製造所・一般取扱所※1における保有空地の幅

指定数量の倍数	保有空地の幅
指定数量の倍数が**10以下**	**3 m　以上**
指定数量の倍数が**10を超える**	**5 m　以上**

※1　製造所と一般取扱所以外に保有空地が必要な施設（屋内貯蔵所，屋外貯蔵所，屋外タンク貯蔵所，簡易タンク貯蔵所，移送取扱所の保有空地の幅は出題頻度が低いので，覚えなくてもよいでしょう）

これだけ！で合格ライン突破！　合格力養成スピードテスト

①	保安距離が必要な施設は，［A］，［B］，［C］，［D］，［E］の5つの施設である。
②	保有空地が必要な施設は，保安距離が必要な施設に対して［F］と［G］を加えた7つの施設である。
③	［○・×］給油取扱所は病院から30 m未満の場所には設置できない。
④	［○・×］屋内タンク貯蔵所は，保安距離は不要だが，保有空地は必要である。
⑤	［○・×］製造所は，使用電圧が5 000 Vの特別高圧架空電線から3 mの保安距離が必要。
⑥	［○・×］保有空地には，防火および消火に必要なもののみを置くことができる。
⑦	［○・×］販売取扱所には保安距離は不要だが，保有空地は必要である。
⑧	製造所の保有空地は，指定数量の倍数10以下の製造所は［H］m以上，指定数量の倍数10以上の製造所は［I］m以上必要である。
⑨	［○・×］一般取扱所に必要な保有空地の幅は，製造所に必要な保有空地の幅の2倍である。

解答

①A：製造所，B：一般取扱所，C：屋内貯蔵所，D：屋外貯蔵所，E：屋外タンク貯蔵所（解答順序不問）

②F：簡易タンク貯蔵所（屋外設置のもの），G：移送取扱所（解答順序不問）

③×　給油取扱所には，保安距離は不要です。ガソリンスタンドが街中で住宅棟と隣接して建っているのを思い浮かべてみましょう。

④×　屋内タンク貯蔵所は，保安距離も保有空地も不要です，屋内○○，屋外○○と名の付く4つの施設の中で，屋内貯蔵所のみ保安距離と保有空地が必要ありません。

⑤×　7000V未満は不要です。

⑥×　保有空地には物品を置けません。「防火に必要な」等のもっともらしい文言に惑わされないようにしましょう！

⑦×　両方とも不要です。

⑧H：3（m以上），I：5（m以上）

⑨×　製造所に必要な保有空地の幅と同じです。

実践問題に

問題 1 建築物等と必要な保安距離で誤っている組合せはどれか。

A：重要文化財：50 m 以上　　B：小学校：40 m 以上

C：高圧ガス施設：30 m 以上

D：住居（製造所等の敷地内にあるものを除く）：10 m 以上

E：特別高圧架空電線で電圧が 35000 V を超えるもの：5 m 以上

F：特別高圧架空電線で電圧が 7000 V を超え 35000 V 未満：3 m 以上

(1) A，B　　(2) B，C　　(3) A，E　　(4) B，F　　(5) D，E

解答 (2)　学校・病院など，多数の人を収容する施設からは 30 m 以上，高圧ガス施設からは 20 m 以上の保安距離が必要です。

問題 2 次の製造所等のうち，保安距離を保たなければならない施設のみの組合せはどれか。

A：屋内タンク貯蔵所　　B：給油取扱所　　C：移動タンク貯蔵所

D：屋外貯蔵所　　E：屋外タンク貯蔵所　　F：一般取扱所

G：移送取扱所　　H：地下タンク貯蔵所　　I：屋内貯蔵所

(1) A，B，D，F　　(2) B，C，H，I　　(3) C，E，F，I

(4) B，E，G，I　　(5) D，E，F，I

解答 (5)　保安距離が必要なのは以下の 5 施設である。「製造所」，「一般取扱所」，「屋内貯蔵所」，「屋外貯蔵所」，「屋外タンク貯蔵所」。

問題 3 次のうち，保有空地を設ける必要がある製造所等はいくつあるか。

給油取扱所，　屋内貯蔵所，　屋外タンク貯蔵所，　屋外貯蔵所，

簡易タンク貯蔵所（屋外設置のもの），　一般取扱所

(1) 1 つ　　(2) 2 つ　　(3) 3 つ　　(4) 4 つ　　(5) 5 つ

解答 (5)　問題に記載されている 6 種の製造所等で，保有空地が不要なのは給油取扱所のみです。

問題4 保有空地に関する記述で誤っているものはいくつあるか。

A：保有空地には，必要最低限のものしか置いてはいけない。
B：給油取扱所には保有空地が必要である。
C：製造所と一般取扱所の保有空地の幅は同じである。
D：保安距離を保つ必要がある製造所等は，保有空地は不要である。
E：製造所の保有空地の幅は，貯蔵または取り扱う危険物の指定数量の倍数によって異なる。

(1) 1つ　(2) 2つ　(3) 3つ　(4) 4つ　(5) 5つ

解答 (3)　A，B，D が誤りです。A：保有空地には，物品等を置いてはいけません（何も置けません）。B：給油取扱所に保有空地は不要です。D：保安距離が必要な施設には保有空地も必要です。

問題5 製造所の周囲に必要な保有空地の幅について，正しいものはどれか（ただし，特例基準が適用されるものは除く）。

	指定数量の倍数が10以下	指定数量の倍数が10を超える
(1)	1 m以上	3 m 以上
(2)	3 m 以上	5 m 以上
(3)	5 m 以上	7 m以上
(4)	7 m 以上	9 m以上
(5)	9 m 以上	11 m以上

解答 (2)　製造所，一般取扱所の保有空地の幅は，指定数量の倍数 10 を境に変わります。3 m（指定数量の 10 倍以下），5 m（10 倍を超える）という数値を覚えておくと良いでしょう。

6-2 製造所等の共通基準

最重要Point!

☑ 12ある製造所等について，個々の基準の前に，共通の基準をしっかりと理解しておこう。共通の基準を知っていれば容易に正解できる場合も多いです。

1. 共通の基準

製造所等に共通の基準

製造所等に共通する基準を下にまとめます。

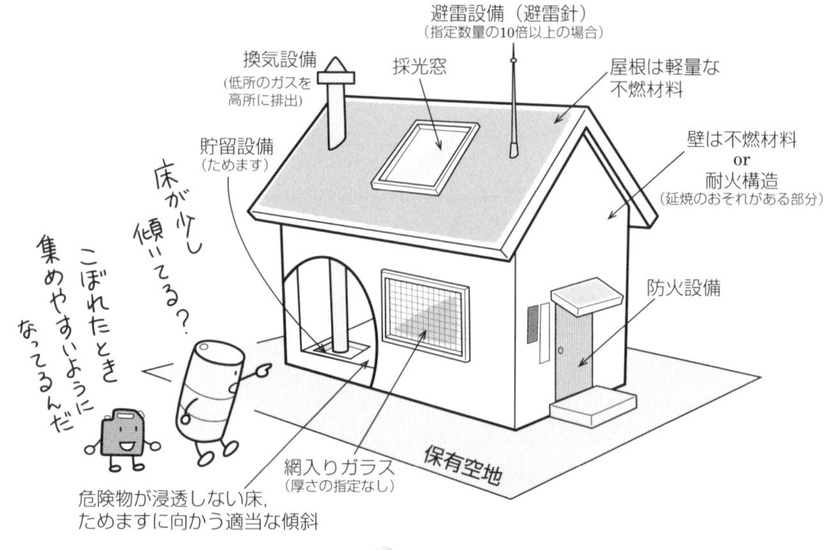

製造所

各施設の壁，床，柱，はりの構造

<table>
<tr><th>施設の名称</th><th>壁，床，柱</th><th>はり</th></tr>
<tr><td>製造所</td><td colspan="2">不燃材料※（延焼のおそれがある箇所は耐火構造）</td></tr>
<tr><td>屋内貯蔵所</td><td rowspan="2">耐火構造※</td><td rowspan="3">不燃材料</td></tr>
<tr><td>屋内タンク貯蔵所</td></tr>
<tr><td>販売取扱所</td><td>準耐火構造※（店舗部分）
不燃材料（店舗部分とその他の部分との隔壁）</td></tr>
</table>

※　火災に対する耐性は，**不燃**材料＜**準耐火**構造＜**耐火構造**　の順に高くなります。

建物の主要構造に関する共通事項

主要構造 (壁, 柱, はり, 床等)	**壁は不燃材料または耐火構造**(**製造所等により異なる**)とする **延焼のおそれがある部分**は出入口以外に開口部を持たない**耐火構造の壁**にする
屋根	金属板などの**軽量な不燃材料でふく**(**爆風を上部に逃がすため**)
出入口・窓	窓および出入口には**防火設備**を設ける。ガラスを使う場合, **網入りガラス**とする(ただし, **厚さの指定はない**) 延焼のおそれがある外壁に設ける扉は, 随時開けることが可能で, 自動閉鎖の**特定防火設備**を設ける
床	危険物が**浸透しない**構造。**適当な傾斜**をつけ, **貯留設備**(**ためます**)を設ける
その他	**地階**(**地下**)**は設けない**

設備の共通基準

設備に関する共通の基準

採光・照明・換気	建築物には, **採光・照明・換気設備**を設ける
可燃性蒸気対策	可燃性蒸気が滞留するおそれがある場合, それらを**屋外の高所**※**に排出**する設備(換気)を設ける
電気設備	可燃性ガスが滞留するおそれがある場合, **防爆構造**の機器を用いる
静電気対策	静電気が生ずるおそれがある場合, **接地**(**アース**)設備等, **静電気を有効に除去する装置**を設ける
避雷設備	指定数量の**10倍以上**を貯蔵または取り扱う施設には**避雷設備**(**避雷針**)を設ける
熱・圧力対策	危険物に温度変化が起こる設備には温度測定装置を設ける 加熱などを行う装置は, 原則として直火を用いないものにする 加圧など, 危険物の圧力が上昇するおそれがある設備には, **圧力計および安全装置**を設ける

※ 第4類の危険物の蒸気は空気に沈み, 底部に滞留します。そのため, 低部にたまった可燃性蒸気を屋外の高所に排出することで, 沈みながら大気に拡散し, 濃度が下がって引火の危険性を低くすることができます。

タンクや配管類の共通基準

タンクや配管類の共通基準

防せい対策	タンクの**外面にはさび止めの塗装**を施す
構造	厚さ**3.2 mm以上の鋼板**でつくる 圧力タンクの場合，**最大常用圧力の1.5倍以上**の圧力で**10分間**行う水圧試験に合格したもの
通気構造	**通気管**を設ける。**圧力タンク**の場合は**安全装置**を設ける
内容量表示	**液体危険物**タンクは，**内容量を自動表示**する設備を設ける
配管	・**十分な強度**を有し，**最大常用圧力の1.5倍以上**の圧力の**水圧試験で漏えい**などの異常がないこと ・危険物や熱などにより，容易に変形，劣化しないこと ・配管の腐食防止措置を講じる（塗装，コーティング等） ・地上に設置する配管は，**地盤面に接しない**ようにする ・地下配管を設ける場合，**地盤面にかかる重量が配管にかからないように保護**する ・電動機および危険物を扱い設備の**ポンプ，弁，接手等は，火災予防上支障のない位置に設置**する

重要　「地下配管を設ける場合，その上部の**地盤面上を車両等が通行しない**ようにする」と問われた場合，答えは「×」です。「地盤面上にかかる重量が配管にかからないように保護」します。

これだけ！で合格ライン突破！　合格力養成スピードテスト

①	［○・×］製造所等に窓を設ける場合，厚さ3.2 mm以上の網入りガラスにする。
②	［○・×］危険物の流出を防ぐため，製造所の床面には傾斜をつけてはならない。
③	［○・×］製造所に地下配管を用いる場合，その上を自動車が通らないようにする。
④	［○・×］地上に設ける配管は，地盤面に接した状態で取り回しを行う。
⑤	指定数量の［　］倍以上の製造所には避雷設備を設ける。

⑥	配管は十分な強度を有し，最大常用圧力の［　］倍以上の水圧試験で漏れなどがないこと。
⑦	［○・×］製造所等に地階を設ける場合，所轄消防長または消防署長の承認を得る。

解答

①×　網入りガラスを用いるのは正しいのですが，厚さの指定はありません（3.2mmはタンクの鋼板の板厚です）。

②×　危険物が滞留するのを防ぐため，床には傾斜をつけます。

③×　正しいように思えますが，そのような規定はありません（自動車が通っても配管設備等が損傷しないようにします）。

④×　腐食等のおそれがあるため，地盤面に接してはいけません。

⑤ 10倍

⑥ 1.5倍

⑦×　そのような決まりはありません．そもそも地階を設けてはいけません。

実践問題に Challenge!

問題1 危険物を取り扱う製造所の位置，構造又は設備の技術上の基準について，誤っている記述はいくつあるか。

A：建築物は，壁，柱，床，はりおよび階段を不燃材料でつくるとともに，屋根を軽量な不燃材料でふく。

B：床は危険物が浸透しない構造にし，危険物の流出を防ぐため傾斜を設けてはいけない．また，貯留設備を設ける。

C：危険物を取り扱う建築物は地階を有しないものであること。

D：建築物の窓や出入口にガラスを用いる場合は，厚さ 3.2 mm 以上の網入りガラスとする。

E：建築物の出入口には防火設備を設けなければならない。

(1) 1つ　(2) 2つ　(3) 3つ　(4) 5つ　(5) 6つ

解答 (2)　B と D の記述が正しくありません。漏れた危険物が貯留設備にたまるように，床には適当な傾斜をつける必要があります。ガラスを設ける場合は，網入りガラスである必要がありますが，厚さは特に指定されていません。3.2 mm というのは，タンクの鋼板の厚みです。

6-3 屋内貯蔵所と屋内タンク貯蔵所の基準

最重要 Point!

屋内貯蔵所

- ☑ 軒高6m未満の平屋建てにする
- ☑ 屋根は軽量な不燃材料で造り，天井を設けない
- ☑ 架台は不燃材料とし，堅固な基礎に固定して用いる

屋内タンク貯蔵所

- ☑ タンクの総容量は指定数量の40倍以下（第4石油類と動植物油類を除く第4類の危険物は20000L以下）

1. 屋内貯蔵所

次のような特徴があります。

❶ 独立した専用の建物で，**床は地盤面**以上です。

❷ **軒高6m未満**の**平屋建**てで，床面積は**1000 m^2 未満です**。

❸ 屋根は軽量な不燃材料でふき，**天井を設けません**。

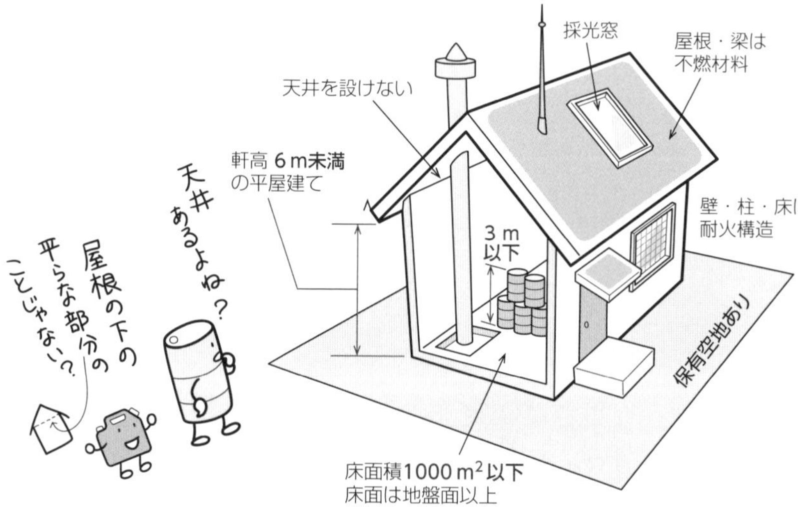

屋内貯蔵所（基本は製造所と共通）

❹ 壁，柱，床を**耐火構造**とし[※1]，はりを**不燃材料**でつくります。

❺ 架台を設ける場合，**不燃材料**で造り，**堅固な基礎に固定**します。

❻ 容器の積上げ高さは**3 m 以下**にします。

❼ 容器内の危険物の温度が**55℃を超えない**ような措置を講じます。

2. 屋内タンク貯蔵所

次のような特徴があります。

❶ **タンク**と**壁**，**タンク同士**の間隔は**0.5 m 以上**空けます。

❷ タンクの**総容量**は**指定数量の 40 倍以下**です。

第 4 石油類と動植物油類を除く第 4 類の危険物は 20000 L 以下です。

❸ タンクは原則として**平屋建てのタンク専用室内に設置**し，**天井を設けません**。

❹ タンクや配管の基準はタンクおよび**配管の共通基準と同様**です。

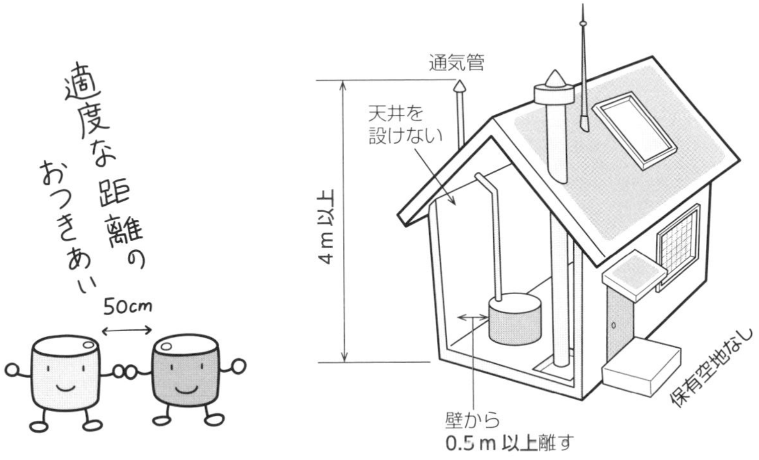

屋内タンク貯蔵所（基本は屋内貯蔵所と共通）

※1 次の場合は，延焼のおそれのない外壁，柱，床を**不燃材料**でつくることができる。
・指定数量の 10 倍以下の貯蔵庫
・第 2 類（引火性固体を除く），第 4 類（引火点 70℃未満のものを除く）のみの貯蔵庫

これだけ！で合格ライン突破！　合格力養成スピードテスト

①	[○・×] 指定数量の50倍のガソリンを貯蔵する屋内貯蔵所は，軒高10m以下の平屋建てとし，その床面は地盤面以下にする。
②	[○・×] 屋内貯蔵所の屋根は，爆風等で吹き飛ばないように堅強な材料でつくる。
③	[○・×] 屋内貯蔵所に架台を設ける場合，容易に移動できるように架台を基礎に固定してはいけない。
④	屋内タンク貯蔵所の総容量は，指定数量の［A］倍以下にしなければならない。ただし，第4石油類および動植物油類以外の第4類の危険物を貯蔵するタンクについては，容量［B］L以下にしなければならない。

解答

①×　軒高6m以下の平屋建てとし，床面は地盤面以上にします。

②×　軽量な不燃材料でふきます。

③×　堅固な基礎に固定します。

④A：40（倍），　B：20000（L）

実践問題にChallenge!

問題1 ガソリンを，指定数量の倍数が50を超える量貯蔵している屋内貯蔵所について，誤っているものはいくつあるか。

A：床は危険物が浸透しない構造とし，適当な傾斜をつけ，貯留設備を設けなければならない。

B：架台を設ける場合，不燃材料で造り，堅固な基礎に固定する。

C：軒高が10m未満の平屋建てとする。

D：床は地盤面よりも低くする。

E：屋根は金属板その他の軽量な不燃材料でふき，天井は設けない。

F：壁，柱，床を耐火構造とし，はりを不燃材料でつくる。

(1) 1つ　(2) 2つ　(3) 3つ　(4) 4つ　(5) 5つ

解答(2)　C，Dが誤った記述である。軒高は6m未満の平屋建てとし，床は地盤面よりも高くします。

問題2 屋内タンク貯蔵所に関して，誤っている記述はどれか。

(1) 屋内タンクと壁およびタンク同士の間隔は 50 cm 以上空ける。

(2) タンクの総容積は指定数量の 40 倍以下とする．ただし，第 4 石油類と動植物油類を除く第 4 類の危険物の場合は 20000 L 以下とする。

(3) 屋内タンク貯蔵所は，屋根を不燃材料で設けるとともに，不燃材料でできた天井を設けること。

(4) タンク専用室の床は，危険物が浸透しない構造にするとともに，適当な傾斜を設ける。

(5) タンク専用室の出入口には，防火設備を設ける。

解答 (3) 屋根を不燃材料で造るのは正しいですが，天井を設けてはなりません。

6-4 屋外貯蔵所の基準

最重要 Point!

- ☑ 水はけの良い場所に設置する
- ☑ 屋外貯蔵所に貯蔵可能な危険物を覚える

1. 屋外貯蔵所

次のような特徴があります。

❶ 周囲に**柵**などを設け，貯蔵所部分を**明確に区分**します。

❷ **水はけの良い場所**に設置します（容器の劣化防止）。

❸ 容器の積上げ高さは **3 m 以下**（**屋内貯蔵所と同じ**）。

❹ **架台**を用いて積み上げる場合は，**高さを 6 m 未満**にします。

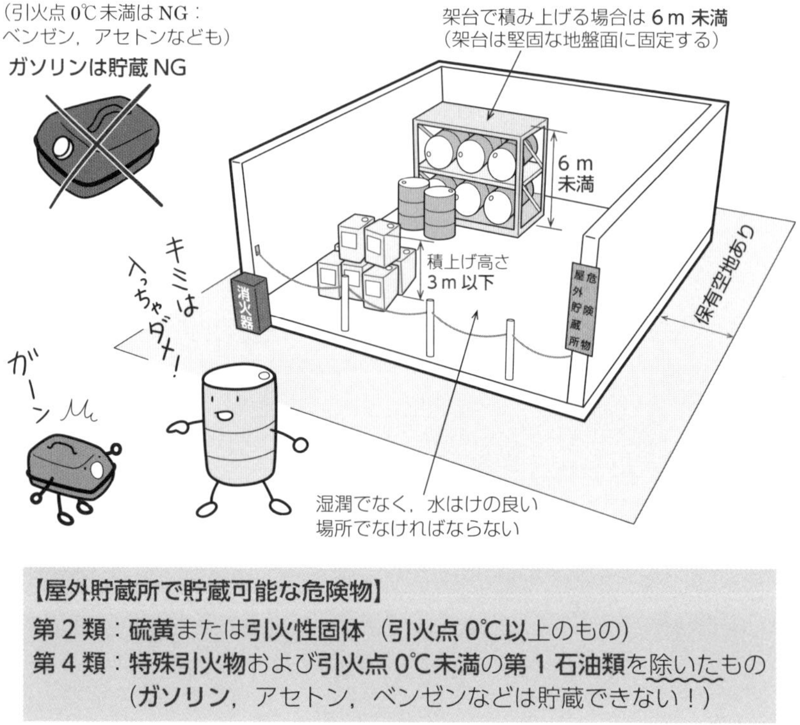

【屋外貯蔵所で貯蔵可能な危険物】
第 2 類：硫黄または**引火性固体**（**引火点 0℃以上**のもの）
第 4 類：特殊引火物および**引火点 0℃未満**の**第 1 石油類**を除いたもの
（**ガソリン**，アセトン，ベンゼンなどは貯蔵できない！）

^ 屋外貯蔵所

❺ 架台を設ける場合，**不燃材料**でつくり，**堅固な地盤面に固定**します。

❻ 保有空地の幅は，指定数量の倍数などによって異なり，**指定数量の倍数が10 以下の第 4 類危険物を貯蔵する場合で 3 m 以上**の幅の保有空地が必要です[※1]。

これだけ！で合格ライン突破！　合格力養成 スピード テスト

①	［○・×］静電気防止のため，屋外貯蔵所の地面は湿潤な状態を保つこと。
②	屋外貯蔵所での危険物の積上げ高さは［A］m 以下，架台を用いて積み上げる際の架台の高さは［B］m 未満にする。
③	屋外貯蔵所に貯蔵可能な危険物は，以下のとおりである。 第［A］類：硫黄または硫黄のみを含有するもの。引火点［B］以上の［C］性固体 第 4 類：引火点が［D］以上の第 1 石油類，アルコール類，第 2 石油類，第 3 石油類，第 4 石油類，動植物油類

解答
①×　容器の腐食などを防ぐため，水はけの良い場所にします。
②A：3（m），B：6（m）
③A：2，B：0℃，C：引火，D：0℃

※1　保有空地の幅は，貯蔵する危険物の種類および指定数量の倍数によって変わる。

実践問題に Challenge!

問題1 次の危険物のうち，屋外貯蔵所での貯蔵・取扱いができないものの組合せはどれか。

A：ガソリン　B：灯油　C：硫黄　D：黄リン　E：エタノール
F：引火点0℃以上の引火性固体

(1) A，C　(2) C，E　(3) C，F　(4) A，D　(5) A，E

解答 (4)　引火性固体（第2類）と引火点液体（第4類）のうち，引火点が0℃以上のものが貯蔵可能なほか，硫黄（第2類）も貯蔵可能です。つまり，特殊引火物と第1石油類の一部（引火点0℃未満）は貯蔵できません。ガソリンは引火点0℃未満なので，貯蔵できません。また，黄リンは第3類なので，貯蔵できません。

問題2 第4類アルコール類のみを貯蔵する屋外貯蔵所について，誤っているものはどれか。

(1) 屋外貯蔵所の柵の周囲には，2mの幅の保有空地が必要である。
(2) 架台を用いる場合，不燃材料でつくり，堅固な地盤面に固定する。
(3) 周囲に柵などを設け，貯蔵所部分を明確に区分する。
(4) 屋内貯蔵所は湿潤ではなく，排水の良い場所に設置する。
(5) 容器内の危険物の温度が55℃を超えないような措置を講じる。

解答 (1)　保有空地の幅は指定数量の倍数によって異なりますが，第4類を貯蔵する場合は最低でも3m以上の幅が必要なため，2m以上の記述は正しくありません。ちなみに，第2類の硫黄および硫黄のみを含有するものだけを貯蔵・取扱する屋内貯蔵所においては，保有空地の幅を減ずる特例があります。

6-5 屋外タンク貯蔵所

最重要 Point!

- 二硫化炭素を除く液体危険物を貯蔵する際には防油堤を設ける
- 防油堤の容積は最大容積のタンクの 110%（1.1 倍）以上とする

敷地内距離が必要

タンク外面から敷地境界線までの距離を敷地内距離といいます。**屋外タンク貯蔵所のみ**，敷地内距離の確保が義務付けられています（具体的な数値は覚えておく必要はありません）。

タンク設備の基準は，「製造所等の共通基準」（6-2 節）と同様です。

液体の危険物（二硫化炭素以外）の貯蔵タンクの周囲には，**防油堤**が必要です。

防油堤の高さは **0.5 m 以上**とします。また，防油堤の高さが **1 m を超える**場合，概ね **30 m ごと**に，防油堤内に出入りするための**階段や土砂の盛上げ**などが必要です。

1 つの防油堤に設置できるタンク数は原則 **10 以下**です。

防油堤の容量は，堤内にある**最も大きいタンク容量**の **110%（1.1 倍）以上**です。

防油堤にたまった水を排出するための**水抜口**を設け，その**開閉弁は防油堤の外側**に設けます。また，**水抜口は通常閉じておきます**。

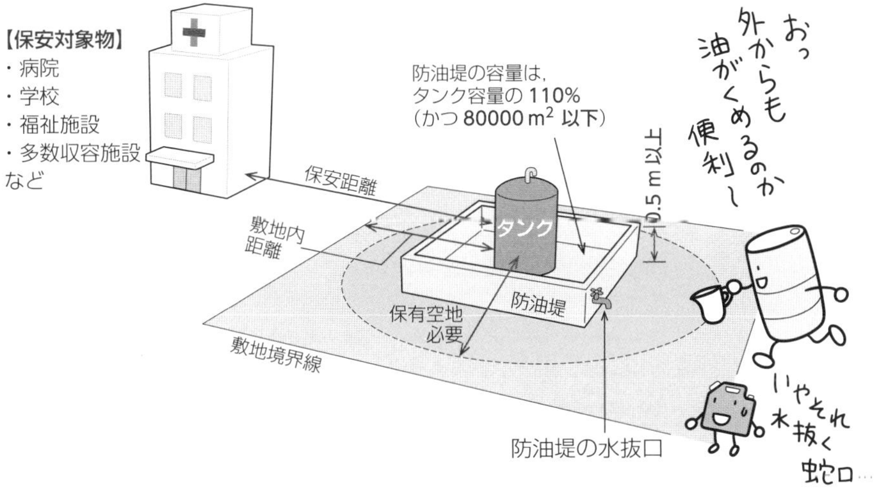

屋外タンク貯蔵所

これだけ！で合格ライン突破！

合格力養成 スピード テスト

①	[○・×] 液体危険物（二硫化炭素を除く）を貯蔵する屋外タンク貯蔵所には防油堤を設ける。
②	同一の防油堤内に，エタノールを指定数量の10倍貯蔵するタンクと，灯油を指定数量の10倍貯蔵するタンクの二つのタンクをもつ屋外タンク貯蔵所の防油堤の最低容量は［　］Lである。
③	[○・×] 屋外タンク貯蔵所の防油堤には水抜口を設けるが，その開閉弁は防油堤の内部に設け，かつ通常は開けておく。

解答

①○

②11000（L）　最大数量のタンクは，指定数量の10倍の灯油（1000L×10＝10000L）が入ったタンクなので，そのタンクの110％の容積の防油堤が必要です。よって，10000×1.1＝11000Lです。

③×　水抜きは外部に設け，通常閉じておきます（内部に設けると，水がたまった際にバルブの開閉ができません。通常開けておくと，油漏れの際に防油堤が機能しません）。

実践問題にChallenge!

問題1 軽油20000Lを貯蔵する屋外タンク1基と，重油50000Lを貯蔵する屋外タンク1基を同一敷地内に有する屋外タンク貯蔵所において，この2基のタンクに共用の防油堤を設ける場合，この防油堤の最低容量は次のうちどれか。

（1）22000L　（2）30000L　（3）55000L

（4）70000L　（5）77000L

解答 (3)　複数のタンクがある場合の防油堤の容積は，最も大きいタンク容積の110％（1.1倍）なので，50000×1.1＝55000L

6-6 地下タンク貯蔵所

最重要Point!

- ☑ 通気管は地下貯蔵タンクの頂部に取り付ける
- ☑ 2以上の地下タンクを設ける場合，互いに1m以上空ける

❶ 地下貯蔵タンクは，**地盤面下に設けられたタンク室の中**に設置します。

❷ 地下貯蔵**タンク**とタンク室の**内壁面**との間には，**0.1 m 以上**の間隔を保ち，周囲に**乾燥砂**を詰めます（**乾燥砂を詰めない方法もあります**）。

❸ タンクを複数設ける場合，**相互に 1 m 以上**の間隔を空けます。

❹ 圧力タンク以外のタンクには**通気管**（無弁通気管または大気弁付き通気管）を設け，**屋外**の地上 **4 m 以上**に出します。また，通気管および配管は，地下貯蔵**タンクの頂部**に取り付けます。

❺ 液体危険物のタンクには，**危険物の量を自動的に表示する装置**を設けます。

❻ **圧力タンク**の場合は**常用圧力**の **1.5 倍**の圧力で，それ以外のタンクは **70 kPa** の圧力で **10 分間**行う**水圧試験**で漏れや変形をしないことです。

❼ 地下貯蔵タンクには，**漏れを検知する設備**を設けます。

❽ 液体の危険物の地下貯蔵タンクへの**注入口**は，**建物内に設けてはいけません**。

重要 「雨水等の浸入を防ぐため，注入口は屋内に設ける」と問われた場合，答えは×です。屋内に注入口を設けると危険です。

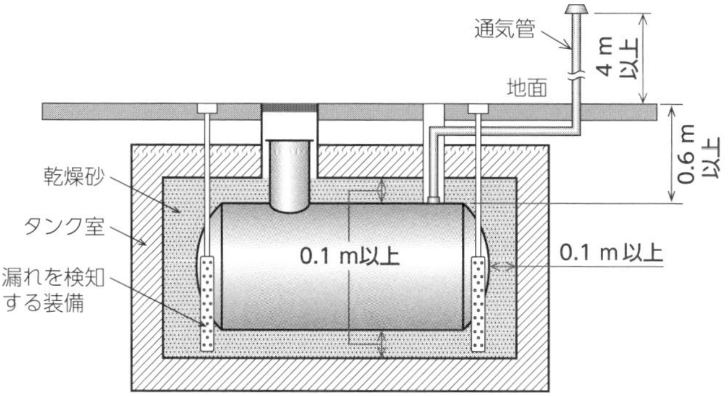

地下タンク貯蔵所

合格力養成スピードテスト

①	地下タンク貯蔵所のタンク頂部は，地盤面より［　］〔m〕以上深くする。
②	［○・×］地下タンク貯蔵所の通気管の先端は，地上から4m以上の高さにする。加えて，雨水の浸入を防ぐため通気管の先端は屋内に設置する。
③	地下貯蔵タンクを2以上設置する際には，その相互に［　］〔m〕以上の間隔を保つ。
④	［○・×］液体危険物の注入口は屋内に設ける。
⑤	［○・×］地下貯蔵タンクの配管は当該タンクの底部から出さなければならない。

解答

①0.6（m）です。
②×　通気管は屋外に出さなければなりません。
③1（m）です。
④×　注入口は“屋外”に設けます。
⑤×　配管はタンクの“頂部”から出さなければなりません。

実践問題に

問題1 地下タンク貯蔵所に関して，誤っている記述はいくつあるか。

A：地下貯蔵タンクを2以上隣接して設置する場合，タンク同士は0.5m以上の間隔を保つ。

B：地下貯蔵タンクの注入口および通気管の先端部は，雨水などの浸入を防ぐため屋内に設けなければならない。

C：地下貯蔵タンクの周囲には，危険物の漏れを検出する設備が必要。

D：地下貯蔵タンクの配管は，当該タンクの頂部以外に取り付ける。

E：液体の危険物貯蔵する地下貯蔵タンクには，危険物の量を自動的に表示する装置を設けなければならない。

(1)　1つ　　(2)　2つ　　(3)　3つ　　(4)　5つ　　(5)　6つ

解答（3）　A，B，Dが誤りである。

A：タンク同士は 1m 以上の間隔を保つ。

B：注入口と通気管先端は，火災予防のため屋外に設けなければなりません。

D：タンクに接続する配管は，当該タンクの頂部に取り付けなければなりません。

問題 2 地下貯蔵タンクの位置，構造，設備の技術上の基準に関して，正しいものはどれか。

(1) 地下貯蔵タンクには，規則で定められる通気管または安全装置を設けなければならない。

(2) 引火点が 70℃以上の第 4 類の危険物を貯蔵する場合は，タンク内の危険物の量を自動的に測定できる装置を備える必要はない。

(3) 引火点が 70℃以上の第 4 類危険物を貯蔵する場合は，タンクの注入口が屋内にあってもよい。

(4) 地下貯蔵タンクの通気管は，地下貯蔵タンクの頂部以外に接続しなければならない。

(5) 地下貯蔵タンクの容量は 30000 L 以下にしなければならない。

解答 (1)　(1) 以外が正しくない理由は次のとおりです。

(2) 引火点によらず，液体危険物を貯蔵するタンクには危険物の量を自動的に測定する設備が必要です。(3) 引火点によらずに，注入口は屋内に設けてはいけません。(4)通気管の配管は，タンクの頂部に取り付けなければなりません。(5) 地下貯蔵タンクには容量制限はありません。

6-7 移動タンク貯蔵所

最重要Point!

- ☑ 常置場所は耐火構造または不燃材料でつくった1階
- ☑ タンク総容量30000 L，4000 Lごとに間仕切り，2000 L以上のタンク室には防波板を設ける
- ☑ 移送する危険物を扱える危険物取扱者が乗車し，免状を携帯する

常置場所（駐車する場所）

屋外：**防火上安全な場所**

屋内：**耐火構造**または**不燃材料**でつくった建物の**1階**

常設場所を変更する場合，市町村長等に**変更許可**を受ける必要があります。

重要な基準

❶ タンクは厚さ**3.2 mm以上の鋼板**またはこれと**同等以上の機械的性質**を有する材料で気密につくる。

❷ タンクの**総容量**は**30000 L以下**とし，内部に**4000 Lごと**に**仕切り**を設けます。

❸ タンク室が**2000 L以上**のものには**防波板**を設けます。

❹ ガソリン等，**静電気が生ずるおそれ**がある場合，**接地導線**（**アース線**）を設けます。

❺ タンク下部に排出口を設ける場合，**手動閉鎖装置**および**自動閉鎖装置付きの底弁**を設けます。手動閉鎖装置のレバーの長さは15 cm以上で，手前に引き倒すことで閉鎖装置を作動できることです。

❻ 移動貯蔵タンクの配管には，**先端に弁**などを設けます。

❼ **移送する危険物の取扱いが可能な危険物取扱者の乗車**が必要です。また，**免状も携帯する**必要があります（**免状のコピーは不可**）。

❽ 移動タンク貯蔵所から液体の危険物を容器に詰め替えてはいけません。ただし，引火点**40℃以上**の**第4類**危険物に限り，**タンクから容器に詰替えが可能**です（この場合，先端に手動開閉装置付の注入ノズルで，安全な注油速度で行います）。

❾ 危険物貯蔵タンクに危険物を注入する際には，注入**ホースを注入口に緊結**します[※1]（ホースをしっかり**手で押さえるなどと問われたら誤り**です）。

※1　所定の注入ノズルで引火点40℃以上の第4類危険物を指定数量未満のタンクに注入する場合にはこの限りではない。

⑩ 引火点 40℃**未満**の危険物を注入する場合，移動タンク貯蔵所の**エンジンを停止**します（引火防止のため）。

⑪ 静電気災害発生のおそれがある危険物を移動貯蔵タンクに注入する際には，**注入管の先端をタンク底部に着ける**と共に，**接地**して行います。

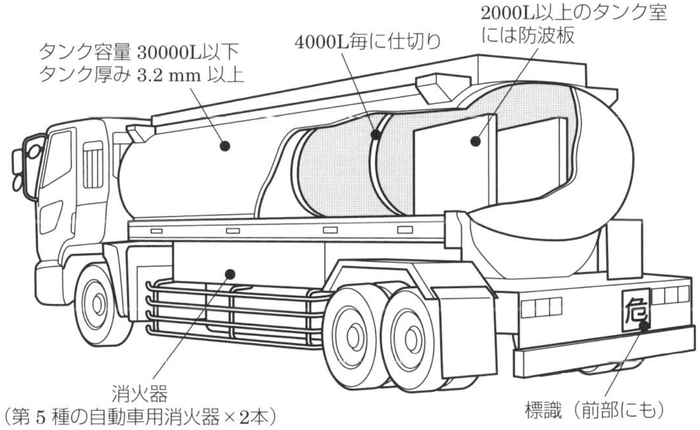

移動タンク貯蔵所

これだけ！で合格ライン突破！　合格力養成スピードテスト

①	［○・×］移動タンク貯蔵所は，屋外の防火上安全な場所または難燃材料でつくった建築物の地階に常置する。
②	移動タンク貯蔵所のタンクの容量は［A］L 以下とする。また，内部に［B］L ごとに仕切板を，［C］L 以上のタンク室には防波板を設ける。
③	［○・×］移動タンク貯蔵所の常置場所を変更する場合，市町村長等への届出が必要。
④	［○・×］引火点［　］℃以上の第 4 類の危険物は，タンクローリーから容器に直接給油できる。
⑤	引火点［　］℃未満の危険物を注入する場合，タンクローリーのエンジンを停止する。

⑥	［○・×］移動タンク貯蔵所のタンクは厚さ 3.2 mm 以上の鋼板のみとし，これと同等以上の機械的性質を有した場合でも，鋼板以外のものを用いてはならない。
⑦	［○・×］移動貯蔵タンクから，危険物を貯蔵するタンクにガソリンを注入する際には，注入ホースをしっかりと手で押さえなければならない。
⑧	［○・×］静電気災害が発生するおそれがある危険物を移動貯蔵タンクに注入する際には，注入管の先端がタンクの底部に着かないように注意する。

解答

①×　耐火構造または不燃材料で造った建築物の1階に常置します。「難燃材料」「地階（地下）」の記述が誤りです。

②A：30000（L），　B：4000（L），　C：2000（L）

③×　常置場所を変更する際には，届出ではなく，市町村長等による変更許可が必要です。

④40（℃以上）

⑤40（℃未満）

⑥×　厚さ 3.2 mm の鋼板と同等以上の機械性質を有する材質のものも使用できます。

⑦×　手で押さえるのではなく，注入ホースを注入口に緊結しなければなりません。

⑧×　注入管の先端をタンクの底部に着けて，適正な速度で注入します。

実践問題に Challenge!

問題1 移動タンク貯蔵所に関して，誤っているものはどれか。

(1) 移動タンク貯蔵所の常置場所からは，学校や重要文化財などの規定の保安対象物からの保安距離を確保する必要がある。

(2) タンクの容量は 30000 L 以下にしなければならない。

(3) 静電気による災害が発生するおそれがある液体の危険物の貯蔵タンクには，接地導線を設けなければならない。

(4) 引火点 40℃未満の危険物を注入する場合，移動タンク貯蔵所のエンジンを停止しなければならない。

(5) 移動貯蔵タンクの底弁の手動閉鎖装置のレバーの長さは 15 cm 以上で，手前に引き倒すことで閉鎖装置を作動できること。

解答 (1)　移動タンク貯蔵所には，保安距離は不要です。

6-8 給油取扱所

最重要 Point!

- 間口 10m 以上，奥行 6m 以上の給油空地を設ける
- 周囲には 2m 以上の耐火構造または不燃材料の壁を設ける
- 地下専用タンクの容量制限はないが，地下廃油タンクは 10000L 以下にする
- 給油中エンジン停止。給油空地から車両がはみ出しての給油は不可
- 給油取扱所内に，医療・福祉・娯楽施設・立体駐車場は設置できない
- セルフ式スタンド特有の基準を理解する

施設の構造

❶ 自動車等が出入りするための**間口 10 m 以上，奥行 6 m 以上**の**給油空地**を設けます。

❷ 給油設備には **5 m 以下のホース**で，その先端に**静電気を有効に除去する装置**です。

❸ 車両が出入りする側を除き，周囲には **2 m 以上**の**耐火構造または不燃材料の壁**を設けます。

❹ 給油空地, 注油空地には, 漏れた**危険物が浸透しない舗装**を行います。また, 危険物が流出しないように，**排水溝**や**油分離装置**を設けます。

❺ 事務所その他火気を使用する場所には**可燃性蒸気が流入しない構造**にします。

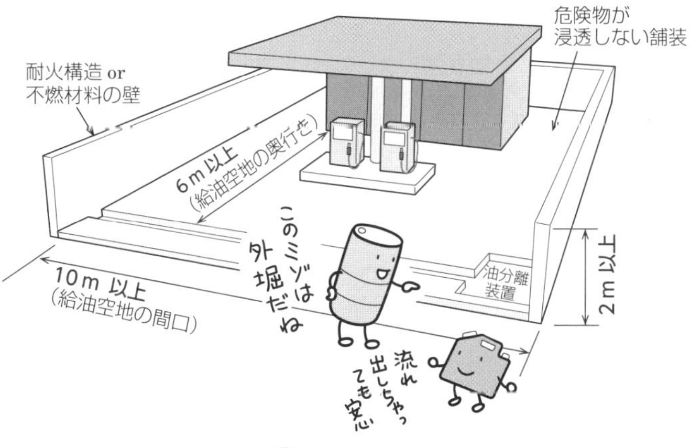

給油取扱所

地下タンクの要件

地下専用タンクの容量：容量**制限なし**
地下**廃油**タンクの容量：容量 **10000 L 以下**

地下専用タンクには容量制限はありませんが，**廃油タンクには容量制限があります**。混同しないように注意しましょう。

給油設備の要件

固定給油設備：**自動車等に直接給油**するための**固定された給油設備**
固定注油設備：**灯油や軽油を容器に詰替え**，または**車両に固定された容量 4000 L 以下のタンク**に注入するための設備

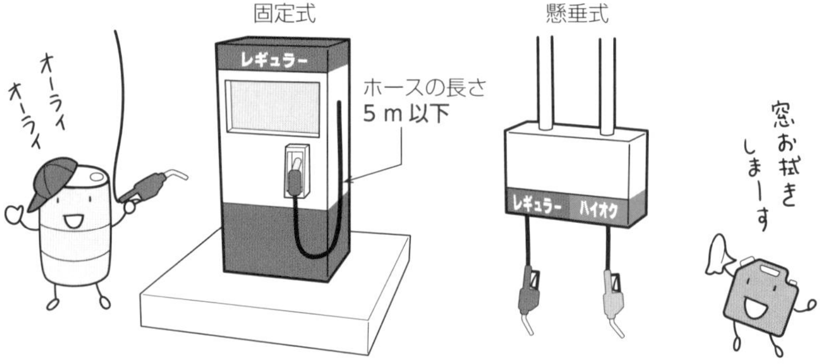

固定給油設備

取扱の基準

❶ 給油時は，**自動車のエンジンを停止**し，**固定給油設備**で**直接給油**します。
❷ **車両が給油空地からはみ出した状態**で**給油してはいけません**。
❸ 引火点を**有する**液体洗剤を使用してはいけません。

重要 **出やすい！**
「洗剤には**引火点○○℃以上のものを使う**」と出題された場合，答えは×です。**引火点が何℃かではなく，引火点を持つ洗剤自体使用できません。**

❹ 給油取扱所の専用タンクに危険物を注入する際は，**そのタンクにつながる固定給油設備を使用してはいけません**。また，注入口に自動車等を近づけてはいけません。

❺ 物品の販売は，原則建物の **1 階で**行います。

給油取扱所に設置できるもの，できないもの

給油取扱所に，次のような施設を設置することができます。

❶ 給油，灯油等詰替え[※1]，洗車，点検整備のための**作業場**

❷ 給油取扱所の**所有者**，**管理者**，**占有者が**居住する**住居**や**事務所**

❸ **給油等のために出入りする者を対象とした**「**店舗・飲食店・展示場**」

なお，次に示す施設は，給油取扱所に設置できません。

重要　**給油取扱所に設置できない施設　出やすい！**

・**医療・福祉・娯楽施設・立体駐車場**は設置できない！

【例】幼稚園，老人ホーム，ゲームセンター，遊技場，特別支援学校 など

顧客に自ら給油等をさせる給油取扱所（セルフスタンド）の基準

❶「**セルフスタンド**」であることがわかる**表示**をします。

❷ 給油ノズルには，満タン時の**自動停止機構**を備えます。

❸ 給油量，給油時間の**上限をあらかじめ設定**できるようにします。

❹ 給油ホースに著しい張力が加わった際，**安全に分離**し，分離部分から**危険物が漏えいしない**構造であること。

❺ 燃料種類の**誤給油を防止**できる構造であること。

❻ **地震の際**，危険物の供給を**自動的に停止**できること。

❼ 固定給油設備等に自動車が衝突するのを防止できるようにします（柵・ポールなど）。

❽ 地盤面に「**車両停止位置**」，「**容器を置く位置**」を表示します。

❾ **ホース機器などの使用方法に関する表示**をします。

❿ 顧客の給油等を監視できる**制御卓**（コントロールブース）を設けます（**作**

※1　灯油や軽油の詰替え（灯油缶などの容器に入れること）作業場は設けられますが，**ガソリンの詰替え**のための作業場は設置できません。

業を監視し，必要な指示を与えます。**放送による指示**ができ設備を有します。顧客の給油作業が終了したら，制御装置を作動させ顧客の**給油作業が行えないようにします**。非常時等には制御装置を作動させて**すべての固定給油設備での危険物取扱ができないようにします**）。

⑪ **第3種固定式泡消火設備**（6-12節参照）を設置します。

⑫ 危険物の品目を表示「**レギュラー：赤，ハイオク：黄色，軽油：緑，灯油：青**」

注意事項

顧客は，**顧客用固定給油設備・顧客用固定注油設備でのみ**，給油・注油できる。顧客用固定給油設備で**顧客が運搬容器に燃料を詰め替えることはできない**。

重要　ポイントアドバイス

セルフスタンドで，顧客が自らガソリン携行缶に燃料を詰め替えることはできません。

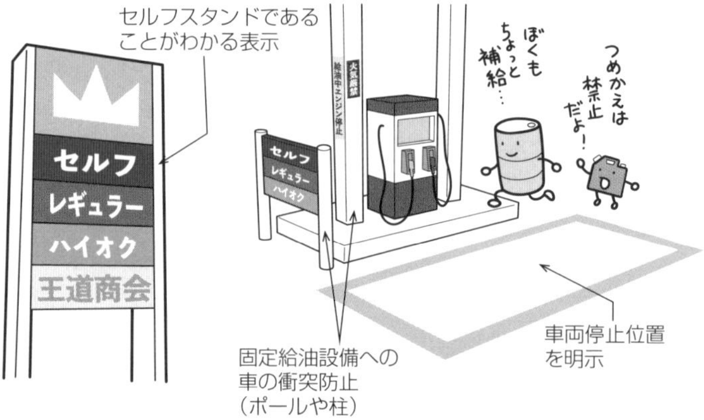

緑：軽油　　黄：ハイオク　　赤：レギュラー

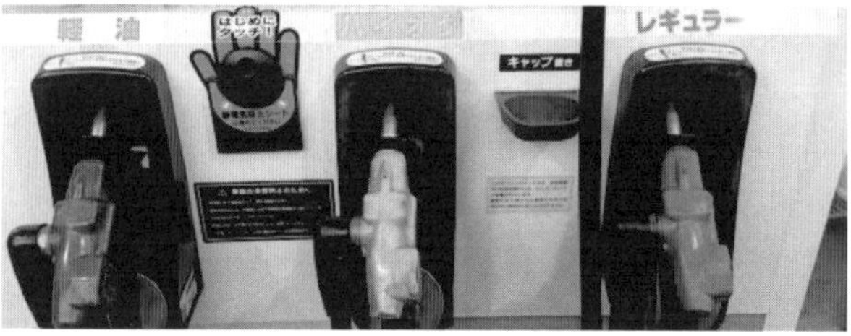

これだけ！で合格ライン突破！

合格力養成 スピード テスト

①	給油取扱所には，自動車等が出入りする間口［A］〔m〕以上，奥行き［B］〔m〕以上の給油空地を設ける必要がある。
②	給油取扱所には，車両が出入りする側を除き，［　］〔m〕以上の壁（不燃材料または耐火構造）を設ける。
③	固定給油設備のホース長は［　］〔m〕以下とする。
④	［○・×］給油取扱所の地下廃油タンクおよび地下専用タンクの容量はそれぞれ 10000 L 以下にしなければならない。
⑤	［○・×］給油空地から車両の一部がはみ出した状態で給油する場合は，危険物取扱者が自ら給油する必要がある。
⑥	［○・×］給油取扱所にて洗車などに用いる液体洗剤は，引火点 70℃以上のものを用いる。
⑦	［○・×］給油取扱所の専用タンクに危険物を注入する際，そのタンクに接続された固定給油設備を使用してはならない。
⑧	［○・×］給油取扱所には所有者や占有者の住居を設置してはいけない。
⑨	［○・×］給油取扱所には，給油のために出入りする者を対象とした飲食店，立体駐車場を設置してもよいが，保育所，ゲームセンターは設置できない。
⑩	［○・×］セルフスタンドの顧客用固定給油設備を用いて，顧客がガソリン携行缶にガソリンを詰め替える場合，詰替え可能な量は 20 L 以下である。
⑪	セルフスタンドの顧客用固定給油設備の給油ノズルの色は，レギュラーが［A］色，ハイオクが［B］色，軽油が［C］色である。
⑫	セルフスタンドには，第［　］種固定式泡消火設備を設置すること。
⑬	［○・×］セルフスタンドには，車両の停止位置，ホース機器の使用方法，営業時間に関する表示が必要である。

解答

①A：10，B：6　A，Bはそれぞれ10m，6mです。

②2（m）です。

③5（m）です。

④×　地下廃油タンクは10000L以下で正しいですが，地下専用タンクには

容量制限はありません。

⑤×　給油空地からはみ出した状態で給油はできません。

⑥×　引火点を持つ洗剤自体が使えません。

⑦○

⑧×　所有者等の住居であれば設置できます。

⑨×　立体駐車場は設置できません。それ以外は正しい記述です。

⑩×　詰替えができません。

⑪A：赤　B：黄色　C：緑

⑫3　第3種です。

⑬×　「車両の停止位置」，「ホース機器の使用方法」は**必要**ですが，「営業時間」に関する表示は定められていません。

実践問題に Challenge!

問題1 給油取扱所における危険物の取扱について，誤っているものはどれか。

(1) 給油空地から車両の一部または全部がはみ出した状態で給油してはならない。

(2) 自動車を洗浄する場合，引火点が40℃以上の洗剤を使用する。

(3) 自動車に給油する際，固定給油設備で直接給油しなければならない。

(4) 給油取扱所の地下専用タンクに危険物を注入している間，当該タンクに接続されている固定給油設備を使用してはならない。

(5) 給油中は，自動車のエンジンを停止しなければならない。

解答 (2)　引火点が○○〔℃〕以上ということではなく，**引火点を有する**洗剤は使用できません。

問題2 給油取扱所に設けることができない建築物は，次のうちどれか。

(1) 給油取扱所に出入りする者を対象とした飲食店。

(2) 給油取扱所に出入りする者を対象とした遊技場。

(3) 所有者等が居住する住居。

(4) 給油取扱所に出入りする者を対象とした展示場。

(5) 自動車等の点検・整備のための作業場。

解答 (2) 給油取扱所には，遊技場，診療所，福祉施設，立体駐車場などは設けてはならない。

問題 3 給油取扱所の「給油空地」の説明で正しいものはどれか。

(1) 専用容器に灯油の詰替作業を行うため，固定注油設備の周囲に設けられた空地のことである。

(2) 給油取扱所の専用タンクに危険物を注入する際，移動タンク貯蔵所が停車するために設けられた空地のことである。

(3) 火災時の消火活動や延焼防止のため，給油取扱所の周囲に確保しなければならない空地のことである。

(4) 給油取扱所において，車両の整備，洗車など，給油以外の作業を行うために確保する空地のことである。

(5) 自動車等に直接給油したり，給油する自動車が出入りするために，固定給油設備の周囲に設けなければならない，間口 10 m 以上，奥行 6 m 以上の空地のことである。

解答 (5) ちなみに，(1) は注油空地の説明です。

問題 4 顧客自らが自動車等へ給油等を行う給油取扱所（セルフ型スタンド）における基準について，誤っているものはどれか。

(1) 顧客に自ら給油等をさせる給油取扱所である旨を表示しなければならない。

(2) 燃料タンクが満タンになった場合，危険物の供給を自動的に停止する構造の給油ノズルを備えなければならない。

(3) 1回の連続した給油量および給油時間の上限を設定できなければならない。

(4) ガソリンと軽油の誤給油を防止できる構造でなければならない。

(5) セルフ型スタンドは，重要文化財等からの保安距離を確保しなければならない。

解答 (5) 給油取扱所は，保安距離の確保は不要です。

6-9 販売取扱所，他

最重要 Point!

- 第 1 種販売取扱所は指定数量の 15 倍以下
- 第 2 種販売取扱所は指定数量の 15 倍を超え 40 倍以下
- 運搬に適した容器に入れ，容器入りのまま販売する
- 配合室以外で危険物の配合を行わない

1. 販売取扱所

店舗において容器入りのままで販売するために危険物を取り扱う施設です。

第 1 種販売取扱所は指定数量の **15 倍以下**

第 2 種販売取扱所は指定数量の **15 倍を超え 40 倍以下**

店舗は建物の **1 階**に設けます。

店舗内の壁は**準耐火構造**。**店舗とその他部分の隔壁**は**耐火構造**

店舗部に**上階がある場合**は，**上階の床を耐火構造**にします。**上階がない場合**は，**屋根を耐火構造**または**不燃材料**でつくります。

運搬に適した容器に入れ，**容器入りのまま販売**します。

配合室以外で危険物の**配合を行うことはできません**。

2. 移送取扱所

配管やポンプ設備で，危険物を移送する施設を移送取扱所といいます（パイプライン等)。「6-2 節 製造所等の共通基準」に示した事項が基本です。

3. 一般取扱所

給油取扱所・販売取扱所・移送取扱所以外の取扱所は，すべて一般取扱所に分類されます。一般取扱所の基準は，「6-2 節 製造所等の共通基準」に示したとおり，基本的には製造所と同じです。

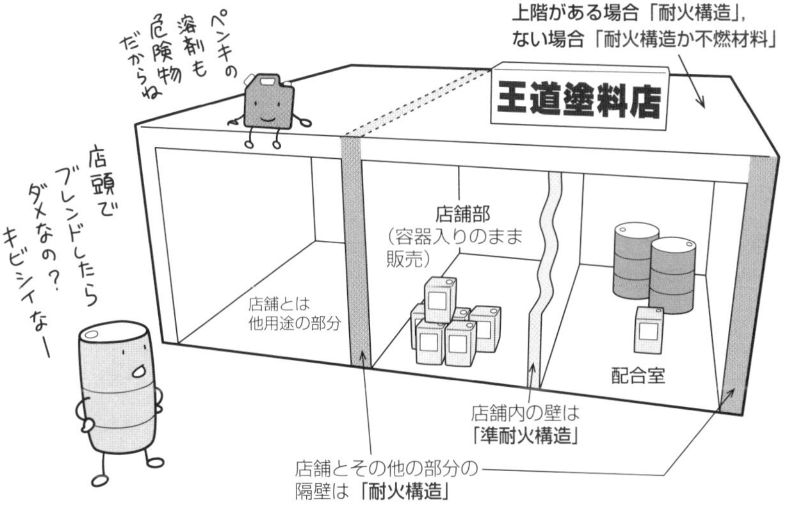

▲ 販売取扱所

これだけ！で合格ライン突破！　合格力養成スピードテスト

①	販売取扱所は，指定数量の［A］倍以下を第１種，［B］倍を超え［C］倍以下を第２種と区分される。
②	［○・×］販売取扱所の店舗は建物の地階以外であれば設けられる。
③	［○・×］販売取扱所の店舗内の壁は耐火構造とし，店舗部分とそれ以外の部分の隔壁は不燃材料とする。
④	［○・×］販売取扱所の用に供する部分に上階がある場合は，上階の床を不燃材料でつくらなければならない。

解答

①A：15（倍）　B：15（倍）　C：40（倍）

②×　店舗部分は１階にないといけません。

③×　店舗内の壁は準耐火構造，店舗部分とそれ以外との隔壁は耐火構造です。

④×　上階の床を耐火構造にします。

実践問題に

問題 1 販売取扱所の基準について，誤っているものはどれか。

(1) 第 1 種販売取扱所の取扱量は，指定数量の 15 倍以下である。

(2) 第 2 種販売取扱所の取扱量は指定数量の 15 倍を超え, 40 倍以下である。

(3) 店舗に上階を設けてはいけない。

(4) 配合室以外で危険物の詰替えをしてはいけない。

(5) 危険物は，運搬に適した容器に入れ，容器入りのまま販売する。

解答 (3)　上階を設けてはいけないわけではありません。上階を設ける場合は，上階の床を耐火構造にします。

6-10 簡易タンク貯蔵所

最重要Point!

- 容量600L以下，設置台数3基以下，同一品質のものを2基以上設置不可
- 屋外設置の場合，1m以上の保有空地を設ける
- 地盤面や架台に固定して使用し，通気管を設ける

①簡易貯蔵タンク1基当たりの容量は**600L以下**とし，設置台数は**3基以下**，かつ同一品質危険物は**2基以上設置できません**。
②**屋外に設置**する場合，**1m以上**の**保有空地**を確保します。
③**タンク専用室に設置**する場合，専用室の壁との間に**0.5m以上**の間隔をあけます。
④容易に移動しないように**地盤面や架台等に固定**して使用します。
⑤簡易貯蔵タンクは厚さ**3.2mm以上**の**鋼板**でつくり，外面に**さび止め塗装**を施す。また，**70kPa**の圧力で**10分間**行う**水圧試験**で漏れや変形をしないようにします。
⑥簡易貯蔵タンクには**通気管**を設けます。

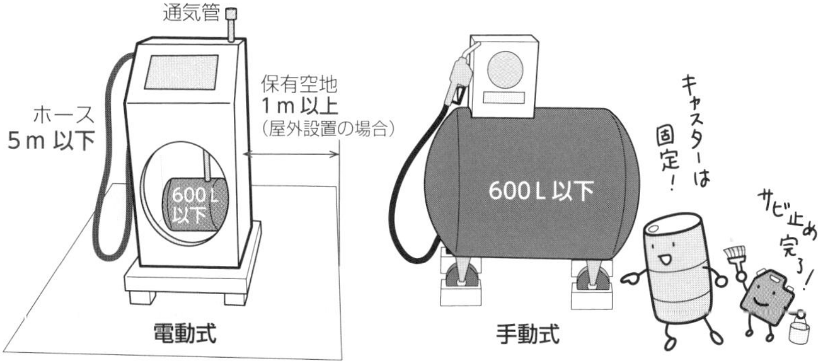

簡易タンク貯蔵所

これだけ！で合格ライン突破！　合格力養成スピードテスト

①	簡易タンク貯蔵所に設置できる簡易貯蔵タンクは最大［A］基までである。ただし，同一品質の危険物を貯蔵したタンクを［B］基以上設けてはならない。
②	簡易貯蔵タンクの容量は［A］〔L〕以下にし，タンクは厚さ［B］〔mm〕の鋼板でつくる。
③	［○・×］引火防止のため，簡易タンク貯蔵所のタンクには通気管を設けてはいけない。
④	［○・×］屋外に設置する場合は保有空地は不要である。

解答
①A：3（基）　B：2（基）
②A：600（L）　B：3.2（mm）
③×　通気管は必要です。
④×　屋外に設置する場合，1m以上の保有空地が必要です。

実践問題にChallenge！

問題1 簡易タンク貯蔵所に関して，正しいものはどれか。

(1) 簡易貯蔵タンク容量は，1000 L以下でなければならない。
(2) 1つの簡易タンク貯蔵所での簡易貯蔵タンクの設置台数は3基までである。また，同じ品質の危険物を簡易貯蔵タンクを2基以上で貯蔵してはいけない。
(3) 屋外に設置する場合，保有空地は不要である。
(4) 引火防止のため，タンクには通気管を設けてはいけない。
(5) 簡易貯蔵タンクは容易に移動できるように，地盤面などに固定しない。

解答 (2)　(2) 以外が間違っている理由は次のとおりです。(1) 容量は600 L以下です。(3) 屋外設置の場合は保有空地が必要です。(4) 通気管は必要です。(5) 容易に移動しないように地盤面などに固定する必要があります。

6-11 標識・掲示

最重要 Point!

- 製造所等には，幅 0.3 m 以上，高さ 0.6 m 以上の標識が必要
- 製造所等には，危険物の「類」，「品名」，「最大数量」，「指定数量の倍数」，「危険物保安監督者の氏名または職名」の掲示が必要
- 給油取扱所には，地が黄赤，文字が黒で「給油中エンジン停止」の掲示も必要
- 第 4 類の危険物への注意事項はすべて「火気厳禁」
- 移動タンク貯蔵所には，車両前後の見やすい位置に「危」の掲示が必要
- 指定数量以上の危険物の運搬車両にも，車両前後に「危」の掲示が必要

1. 製造所等への掲示

製造所等には，見やすい位置に標識および掲示板を掲示する必要があります。

掲示板のサイズ

幅 0.3 m 以上×高さ 0.6 m 以上（幅 0.6 m 以上×高さ 0.3 m 以上でもよい）

掲示板の種類

❶ **製造所等の名称**：【例】**危険物屋内貯蔵所**など

色：**地が白で文字が黒**で製造所等の種類を書きます。

❷ **危険物の詳細情報（次の 5 項目）**

・**類**	【例】第 4 類
・**品名**	【例】アルコール類
・**貯蔵・取扱最大数量**	【例】1600 L
・**指定数量の倍数**	【例】4.0 倍
・**危険物保安監督者の氏名または職名**	【例】乙四花子

色：**地が白で文字が黒**で書きます。

❸ **危険物に応じた注意事項**：【例】**第 4 類**の場合は『**火気厳禁**』

色：**地が赤で文字が白**色で「**火気厳禁**」などと書きます。

❹ **給油取扱所**においては，❶～❸に加えて『**給油中エンジン停止**』と掲示します。

色：**地が黄赤**色で**文字が黒**です。

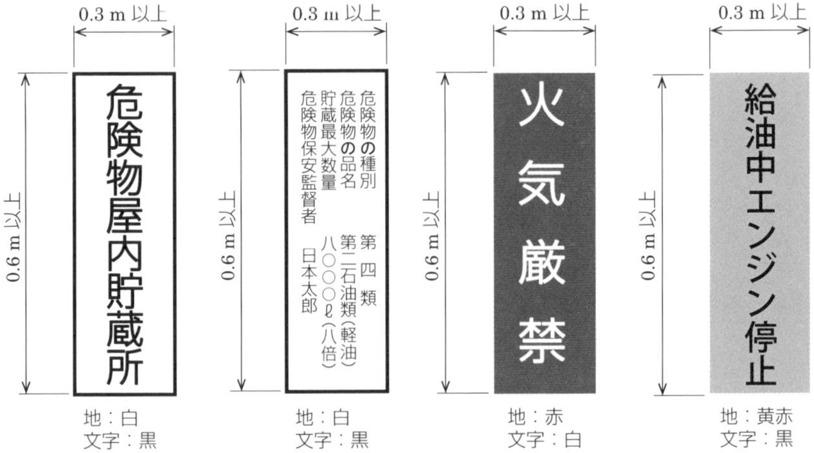

製造所等への掲示

危険物に応じた注意事項

類別	危険物	提示
第1類	アルカリ金属の過酸化物	禁水　地：青　文字：白
第2類	引火性固体以外	火気注意　地：赤　文字：白
	引火性固体	火気厳禁　地：赤　文字：白
第3類	禁水性物品（K，Naなど）	禁水　地：青　文字：白
	自然発火性物品	火気厳禁　地：赤　文字：白
第4類	**すべて**	
第5類	すべて	

重要
第4類の表示は『火気厳禁』

2. 移動タンク貯蔵所および運搬車両への掲示

移動タンク貯蔵所および**指定数量以上の危険物を**運搬する車両の前後の見やすい位置に，『危』の表示が必要です。

サイズ： **縦 0.3m ×横 0.3m**（**移動タンク貯蔵所の場合**，**縦 0.3 ～ 0.4m ×横 0.3 ～ 0.4m**）

色　： **地**が**黒**で**文字**が**黄色**で「**危**」と表示する

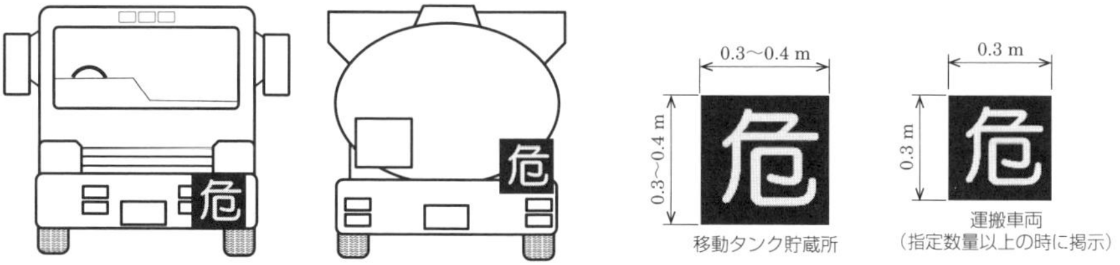

「危」表示場所とサイズ

これだけ！で合格ライン突破！　合格力養成スピードテスト

①	製造所等の名称を示す標識の大きさは，幅［A］〔m〕以上，高さ［B］〔m〕以上とし，その色は，地の色が［C］，文字の色が［D］である。
②	第４類の危険物の製造所には「火気［　］」の掲示が必要。
③	［○・×］製造所等には，危険物の類，品名，最大数量，指定数量の倍数，危険物保安監督者の氏名または職名，製造所等の所有者名を掲示しなければならない。
④	給油取扱所には，地が黄赤色，文字が黒色で［　］と掲示する。
⑤	［○・×］移動タンク貯蔵所には，地が黒，文字が赤で「危」と表示しなければならない。
⑥	［○・×］指定数量以上の危険物を運搬する車両には，0.3 m 平方の「危」の表示を車両の前後どちらかに掲示しなければならない。

解答

①A：0.3（m） B：0.6（m）（A・Bは逆も可），C：白　D：黒

②火気厳禁

③×　問題文中の「製造所等の所有者名」は掲示する必要がありません。

④給油中エンジン停止

⑤×　文字色は黄色です。

⑥×　車両の前後両方に掲示します。

実践問題に  Challenge!

問題１ 標識・掲示板についての説明で，誤っているものはどれか。

(1) 給油取扱所には「給油中エンジン停止」と表示した掲示板が必要。

(2) 第４類の危険物を貯蔵する屋内貯蔵所には地が赤で文字が白で書かれた「火気注意」の掲示が必要。

(3) 移動タンク貯蔵所には，「危」と表示した標識を設けなければならない。また，当該標識のサイズも，定められている。

(4) 製造所等には，地が白で文字が黒で書かれた，製造所等の名称を示した掲示が必要。

(5) 第３類の禁水性物質には，地が青で文字が白で書かれた「禁水」の掲示板が必要。

解答 (2)　第４類への表示は「火気厳禁」である。

問題２ 製造所等に掲示する注意事項について，正しいものはいくつあるか。

A：すべての第１類の危険物―― 禁水

B：すべての第２類の危険物―― 火気厳禁

C：すべての第３類の危険物―― 火気厳禁

D：すべての第４類の危険物―― 火気注意

E：すべての第５類の危険物―― 火気厳禁

F：すべての第６類の危険物―― 禁水

(1) １つ　(2) ２つ　(3) ３つ　(4) ４つ　(5) ５つ

解答 (1)　Ｅのみが正しい記述です。

A:禁水の掲示が必要なのは,第１類の一部（アルカリ金属の過酸化物）です。B:第２類の一部（引火性固体）に「火気厳禁」の掲示が必要です。C：第３類の一部に「火気厳禁」の掲示が必要です。D：第４類はすべて「火気厳禁」の掲示が必要です。F：第６類に「禁水」の掲示が必要な物品はありません。

6-12 消火設備と警報設備

最重要Point!

- 消火設備は5種類，警報設備も5種類ある。それぞれ名称と具体例を知っておこう
- 地下タンク貯蔵所には，第5種の消火設備を2個以上設置する
- 移動タンク貯蔵所には，自動車用消火器（第5種）を2個以上設置する
- 危険物は，指定数量10倍が1所要単位
- 指定数量の10倍以上の製造所等では，警報設備が必要。ただし，移動タンク貯蔵所のみ除外される

1. 消火設備

消火設備の種類

消火設備は，以下のとおり第1種から第5種までに分類されます。

消火設備の種類

種別	消火設備の種類	具体例・補足説明
第1種 消火設備	**消火栓**設備 	屋外**消火栓** 屋内**消火栓**
第2種 消火設備	**スプリンクラー**設備 	**スプリンクラー**
第3種 消火設備	○○**消火設備** と呼ばれるものは 第3種の消火設備 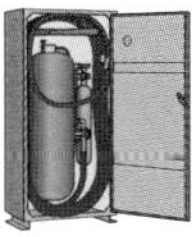	水噴霧 泡 不活性ガス 粉末 ハロゲン化物 （以上）**消火設備**
第4種 消火設備	**大型消火器** 	車輪がついている大型の消火器のこと
第5種 消火設備	**小型消火器，その他** 	**小型消火器** 乾燥**砂** 水バケツ 膨張ひる**石** 膨張真珠**岩**　など

重要 覚えよう！

第 1 種＝**消火栓**　　第 2 種＝**スプリンクラー**　　第 3 種＝**○○消火設備**
第 4 種＝**大型**消火器　　第 5 種＝**小型**消火器，その他（水バケツ，乾燥砂）

消火設備の設置基準

以下の表に示すように，「消火の困難性」に応じて，必要な消火設備の組合せが異なります．「著しく消火困難」，「消火困難」の具体的な条件は知っておく必要はありません．

消火の困難性に応じて設置すべき消火設備

消火困難性の区分	設置する消火設備				
	第 1 種	第 2 種	第 3 種	第 4 種	第 5 種
著しく消火困難な製造所等	○(いずれか 1 つを設置)			○	○
消火困難な製造所等	－	－	－	○	○
その他の製造所等	－	－	－	－	○

○:必要　　－:不要

また，製造所等の面積，数量，性状等に無関係に消火設備が定められているものもあります．以下のケースを知っておきましょう．

重要 出やすい！

地下タンク貯蔵所：**第 5 種**の消火設備（**小型消火器など**）を **2** 個以上設置
移動タンク貯蔵所：**自動車用消火器**（**第 5 種**消火設備）を **2** 個以上設置
電気設備：電気設備のある場所の面積 **100 m^2** ごとに **1** 個以上
消火設備から保護対象物までの歩行距離（直線距離ではありません！）
　第 4 種消火設備の場合：**30 m** 以下
　第 5 種消火設備の場合：**20 m** 以下

所要単位

製造所等に必要な消火能力を定めるために基準となる単位を所要単位といいます。

	耐火構造	耐火構造でない
製造所・取扱所	延べ面積**100** m^2 ←2倍	延べ面積**50** m^2
貯蔵所	↓1.5倍 延べ面積**150** m^2 ←2倍	↓1.5倍 延べ面積**75** m^2
危険物	指定数量の**10倍**	

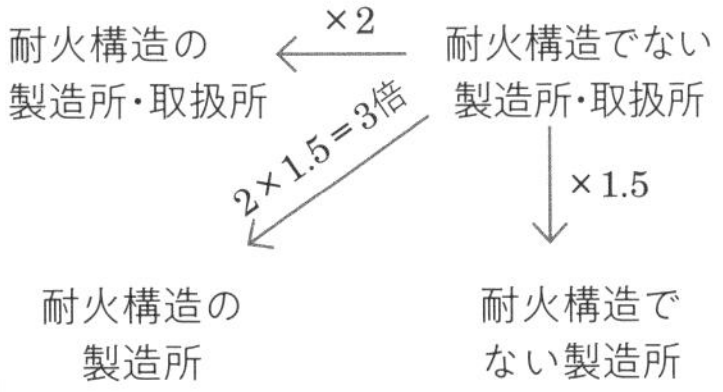

重要 こう覚えよう！

耐火構造でない製造所・取扱所は **50 m^2** と覚える

耐火構造になると，延べ面積が 2 倍になる（延焼しにくいので）

貯蔵所は製造所・取扱所の 1.5 倍になる（貯蔵なので火災になりにくい）

2. 警報設備

警報設備は，指定数量の **10 倍以上**の製造所等で必要です。ただし，**移動タンク貯蔵所**には，警報設備が**不要**です。

警報設備の種類：
①自動**火災報知**設備　②**拡声装置**　③消防機関に報知ができる**電話**
④**非常ベル**装置　⑤**警鐘**

①

②

③

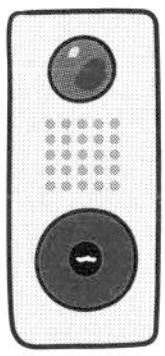
④

⑤

これだけ！で合格ライン突破！

合格力養成 スピード テスト

①	[○・×] 消火設備は第1種から第6種に区分される。
②	[○・×] 第4類の危険物に適応する消火設備を第4種消火設備という。
③	大型の粉末消火器は第 [A] 種, 屋内消火栓設備は第 [B] 種の消火設備である。
④	泡を放射する小型の消火器は第 [A] 種, 粉末消火設備は第 [B] 種の消火設備である。
⑤	スプリンクラー設備は第 [A] 種, 乾燥砂は第 [B] 種の消火設備である。
⑥	地下タンク貯蔵所には第 [A] 種の消火器を [B] 個以上設ける。
⑦	[○・×] 移動タンク貯蔵所には第4種の消火器を2個以上設ける。
⑧	危険物は指定数量の [ ] 倍を1所要単位とする。
⑨	電気設備のある場所には, 面積 [ ] 〔m^2〕ごとに1個以上の消火設備を設ける。
⑩	[○・×] 指定数量の倍数が40の移動タンク貯蔵所には警報設備が必要。
⑪	[○・×] 第4種の消火設備は保護対象物から直線距離で30m以下になるように設ける。
⑫	[○・×] ガス漏れ検出装置は警報設備に該当する。
⑬	[○・×] 発煙筒は警報設備に該当しない。

解答

①×　第1種から第5種です。

②×　危険物の類（第1類～第6類）と消火設備の種別（第1種～第5種）は対応しません。第4種消火設備は大型消火器を指します。

③A：4（種）　B：1（種）

④A：5（種）　B：3（種）

⑤A：2（種）　B：5（種）

⑥A：5（種）　B：2（個）

⑦×　第5種（自動車用消火器）を2個以上です。

⑧10（倍）

⑨100（m^2）

⑩×　移動タンク貯蔵所には警報設備は不要です。

⑪×　歩行距離で30m以内です。

⑫×

⑬○

実践問題に Challenge!

問題1 消火設備の区分と具体的な消火設備名の組合せで，正しいものはいくつあるか。

A：スプリンクラー設備————————第1種消火設備
B：ハロゲン化物消火設備——————第2種消火設備
C：膨張ひる石————————————第5種消火設備
D：小型の二酸化炭素消火器—————第4種消火設備
E：屋内消火栓設備————————第3種消火設備
F：乾燥砂——————————————第5種消火設備
G：消火粉末を放射する大型消火器——第3種消火設備

(1) 1つ　(2) 2つ　(3) 3つ　(4) 4つ　(5) 5つ

解答 (2)　CとFのみが正しいです。A：第2種消火設備です。B：第3種消火設備です。D：第5種消火設備です。E：は第1種消火設備です。G：第4種消火設備です。

問題2 消火設備についての記述で，誤っているものはどれか。

(1) 屋内消火栓設備は，第1種の消火設備である。
(2) スプリンクラー設備は，第2種の消火設備である。
(3) ハロゲン化物消火設備は，第3種の消火設備である。
(4) 地下タンク貯蔵所には，第5種の消火設備を2個以上備えること。
(5) 第5種の消火設備は防護対象物までの直線距離が30m以下になるように設けなければならない。

解答 (5)　第5種消火設備は，直線距離ではなく，**歩行距離**で20m以下になるように設けます。

問題3 消火設備についての記述で，誤っているものはどれか。

(1) 第4種の消火設備は，防護対象物までの歩行距離が30 m以下になるように設けなければならない。

(2) 第5種の消火設備は，防護対象物までの歩行距離が20 m以下になるように設けなければならない。

(3) 地下タンク貯蔵所には，第5種の消火設備を2個以上設ける。

(4) 移動タンク貯蔵所には，第4種の消火設備を2個以上設ける。

(5) 電気設備に対する消火設備は，電気設備のある場所の面積の100 m^2ごとに1個以上設けなければならない。

解答 (4)　移動タンク貯蔵所には，第5種の自動車用消火器（小型消火器）を2個以上設けます。

問題4 製造所等に消火設備を設置する際の所要単位を計算する方法として，誤っているものはどれか。

(1) 危険物の場合，指定数量の30倍を1所要単位とする。

(2) 外壁が耐火構造の製造所は延べ面積100 m^2を1所要単位とする。

(3) 外壁が耐火構造でない製造所は延べ面積50 m^2を1所要単位とする。

(4) 外壁が耐火構造の貯蔵所は延べ面積150 m^2を1所要単位とする。

(5) 外壁が耐火構造でない貯蔵所は延べ面積75 m^2を1所要単位とする。

解答 (1)　危険物の場合，指定数量の10倍が1所要単位です。

第7章

危険物の取扱と貯蔵

7章の動画はここから！

7-1 貯蔵・取扱の基準

最重要Point!

- ☑ 貯留設備にたまった危険物は**随時**くみ上げる
- ☑ 危険物のくず等は**1日1回以上**処理する
- ☑ 危険物が残存する容器を修理する際は，**危険物を完全に除去してから**
- ☑ 危険物を保護液中に保存する場合は，**一部たりとも露出させない**
- ☑ 危険物を**焼却**処理する場合は**見張人を付けて安全な場所・方法で**
- ☑ 危険物を**埋没**処理する場合は性質に応じた安全な方法で（**埋没処理は可能**）
- ☑ 危険物を海中や水中に**流出させてはならない**

1. 貯蔵・取扱の基準

❶ **許可・届出**された**品名以外**および**数量以上**の危険物を取り扱ってはなりません

❷ **みだりに**火気を使わないこと（**絶対に使ってはいけないわけでありません！**）。

❸ 貯留設備，油分離設備に**たまった危険物は随時**くみ上げます。

❹ 危険物の**くず等は1日1回以上**処理します。

❺ 危険物が残存する機器や容器等を修理する際は，**安全な場所**で危険物を**完全に除去してから**行います。

❻ 危険物を保護液中に保存する場合は，**保護液から露出させない**ようにします。

❼ 原則，類の違う危険物の同一貯蔵庫への貯蔵や，危険物以外の貯蔵はできません。

❽ 屋外貯蔵タンク，屋内貯蔵タンク，地下貯蔵タンク，簡易貯蔵タンクの**計量口**は，**計量するとき以外は閉鎖**しておきます。例えば，タンクに危険物を注入する際に計量口を開けていること。注入口から危険物が噴出するおそれがあります。

❾ 屋外貯蔵タンクの**防油堤**の**水抜口**は，**通常は閉鎖**しておき，内部に水や油がたまった際には速やかに排出等の処理をします。

❿ **屋内貯蔵所**および**屋外貯蔵所**において危険物容器を積み重ねる場合，**3 m以下**にします（例外あり）。

⓫ **屋内貯蔵所**で容器に入れて貯蔵する危険物の温度は**55℃を超えない**ように必要な措置を講じます。

2. 廃棄する際の基準

危険物の廃棄に関して，「**焼却，埋没，流出**」がよく問われます。

危険物の焼却：［○可能］**見張人**を付け**安全な場所**で他に害を及ぼさないように行います。

危険物の埋没：［○可能］危険物の**性質に応じ，安全な場所**で行います（**埋没処理は可能**）。

危険物の流出：［×不可能］**海中・水中に流出させません**（**流出は不可**）。

これだけ！で合格ライン突破！

合格力養成 スピード テスト

①	［○・×］製造所等ではいかなる場合でも火気を使用してはならない。
②	［○・×］届出数量以上の危険物や，許可されていない危険物を扱う場合，所轄消防署長に通知したうえで，その危険物を扱える危険物取扱者自らが取り扱う。
③	［○・×］貯留設備にたまった危険物は1日1回以上くみ上げ，処理する。
④	［○・×］危険物のくず等は，1週間に1回以上処理する。
⑤	［○・×］危険物を保護液中に保存する際，危険物の状態を確認できるように，一部を露出させる。
⑥	［○・×］爆発事故のおそれがあるため，危険物を焼却処理してはならない。
⑦	［○・×］危険物を埋没処理することはできない。
⑧	［○・×］危険物を水中に流出させて処理することはできない。
⑨	［○・×］貯留設備や油分離装置にたまった危険物は，十分に希釈して濃度を低くしたうえで下水道等に排出する。
⑩	［○・×］危険物が残存した容器を修理する場合，安全のため1週間以上乾燥させてから行う。

解答

①×　みだりに使用してはいけません。

②×　許可されていないので扱えません。この場合，10日前までに市町村長等に変更の届出が必要です。

③×　随時くみ上げます。

④×　1日1回以上処理します。

⑤×　保護液から露出させると危険です。保護液から露出させて貯蔵することはありません。

⑥×　見張人を付けて安全な場所・方法で焼却処理は可能です。

⑦×　危険物の性質に応じて安全な場所での埋没処理は可能です。

⑧○

⑨×　いくら希釈したとしても，危険物を下水道などに流出させることはできません。随時くみ上げて適正に処理します。

⑩×　危険物を完全に除去しなければ修理できません。1週間乾燥したからといって，残存した危険物が完全に除去される保証はありません。

実践問題に Challenge!

問題1 製造所等における危険物の取扱について，正しいものはどれか。

(1) 給油取扱所で自動車に軽油を給油する際は，自動車のエンジンを停止する必要はないが，ガソリンを給油する際はエンジンを停止する必要がある。

(2) 危険物を焼却する際は，周囲に延焼する恐れがない場合，見張人を付ける必要はない。

(3) 地下貯蔵タンクに危険物を注入する際は，逆流防止のため計量口を開放しておかなければならない。

(4) 給油取扱所で，車両の一部が給油空地からはみ出した状態で給油する場合は，見張り人を付けて十分に注意して作業を行わなければならない。

(5) 危険物を保護液中に保存する場合，保護液から露出しないようにする。

解答 (5)　保護液から危険物を露出させてはいけません。

(5) 以外が正しくない理由は次のとおりです。

(1) 給油取扱所では必ず「給油中エンジン停止」です。

(2) 見張人が必要です。

(3) 計量口は計量時以外は閉じておきます。

(4) はみ出した状態での給油はできません。

問題2 危険物の貯蔵・取扱の基準について，正しいものはどれか。

(1) 廃油等を処理する際は，焼却以外の方法で行うこと。

(2) 危険物のくず，かす等は，週に1回以上処理すること。

(3) 貯留設備にたまった危険物は1日1回以上くみ上げること。

(4) 危険物を埋没処理してはいけない。

(5) 危険物を海中または水中に流出させてはいけない。

解答 (5)　危険物を焼却処理および埋没処理することは可能ですが，水中に流出させることはできません。くずやかすなどは1日に1回以上処理する。貯留設備にたまった危険物は随時くみ上げます。

問題3 危険物の貯蔵・取扱の基準について，誤っているものはどれか。

(1) 危険物のくず，かす等は1日1回以上処理しなければならない。

(2) 危険物が残存しているおそれがある容器を修理する際は，危険物を完全に取り除いてから行う。

(3) 製造所等へは，係員以外の者をみだりに出入りさせてはならない。

(4) 製造所等においては，火災予防のためいかなる場合においても火気を使用してはならない。

(5) 貯留設備にたまった危険物は，随時くみ上げる。

解答 (4)　みだりに火気を使用してはいけないが，いかなる場合でも火気を使用してはいけないわけではありません。

問題4 危険物の貯蔵について，誤っているものはどれか。

(1) 屋内貯蔵所で容器に入れて貯蔵する危険物の温度が40℃を超えてはならない。

(2) 貯蔵所には，原則危険物以外の物を貯蔵してはならない。

(3) 屋外タンク貯蔵所の防油堤の水抜口は，通常は閉じておくこと．また，防油堤に油や水がたまった場合は，随時排出する。

(4) 貯蔵所において，許可されている以外の危険物を貯蔵してはならない。

(5) 屋外貯蔵所にて危険物を積み上げて貯蔵する場合の積上げ高さは3 m以下にしなければならない。

解答 (1)　温度が55℃を超えてはなりません。

7-2 運搬・移送の基準

最重要Point!

- ☑「運搬」と「移送」の違いを理解しよう
- ☑運搬の場合，数量に無関係に消防法等が適用される
- ☑指定数量以上の運搬の場合，「車両への掲示」と「消火設備」の搭載が必要
- ☑移送の際は危険物取扱者の乗車と免状（原本）の携帯が必要。運搬の場合は指定数量以上でも危険物取扱者の乗車は必要ない
- ☑類の番号を足して7の組合せは混載OK，第4類は足して6と9も混載OK
- ☑移送時に移動タンク貯蔵所に備えておかなければならないものを覚える
- ☑連続4時間，1日9時間を超えて移送する際は2名以上の運転要員が必要
- ☑消防吏員と警察官は，移動タンク貯蔵所を停止させ免状の提示を要求できる

運搬：車両等（ワゴン車やトラックなど）で危険物を別の場所に移すこと
移送：移動タンク貯蔵所（タンクローリー）で危険物を運ぶこと

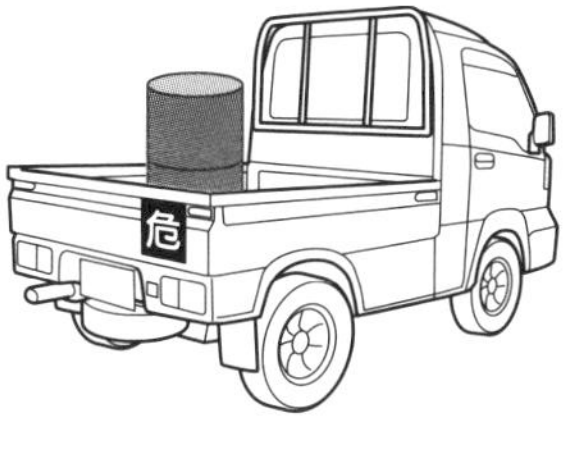

運搬

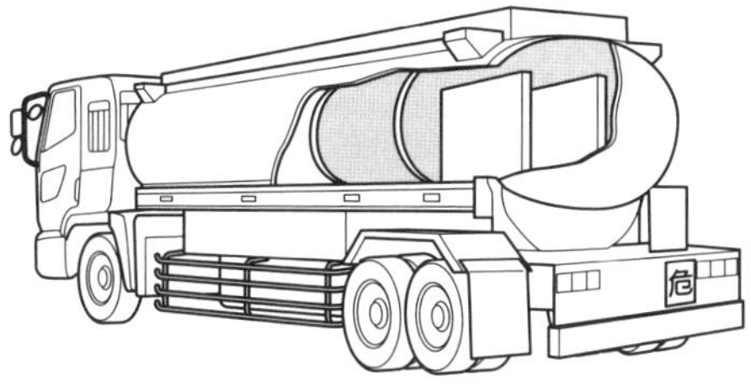

移送

1. 運搬の基準

運搬の場合，**数量に無関係に**（**指定数量未満の場合でも**），**消防法**（**運搬に関する技術上の基準**）**が適用**されます。運搬においては，**指定数量以上の**危険物を運搬する場合においても，**危険物取扱者が乗車する必要はありません**。

運搬容器

運搬容器は，**鋼板**，**アルミ板**，**ブリキ板**，**ガラス等**で，堅固で**容易には破損しない**ものでなければなりません。

重要　ガラスは割れるので，ガラス製容器は使用できないと思いがちですが，ガラス容器が使用できないわけではありません。

積載方法

危険物の性質に適した材質の運搬容器に収納し，**注入口を上**に向けて積載します。

温度変化等で漏れないように，**容器は密栓**します。

液体危険物は，**内容積の98%以下**の収容率でかつ55℃**で漏れない**ようにします。

固体危険物は，**内容積の95%以下**の収容率とします。

積み重ねて積載する場合は**高さ3m以下**です。

特殊引火物は遮光します。

運搬容器への表示内容

運搬容器には，次の6項目を表示する必要があります。

1. 品名　【例】第4類 第1石油類
2. 危険等級　【例】危険等級Ⅱ
3. 化学名　【例】アセトン
4. 水溶性かどうか　【例】水溶性
5. 数量　【例】18L
6. 危険物に応じた注意事項　【例】火気厳禁（第4類はすべて「火気厳禁」）

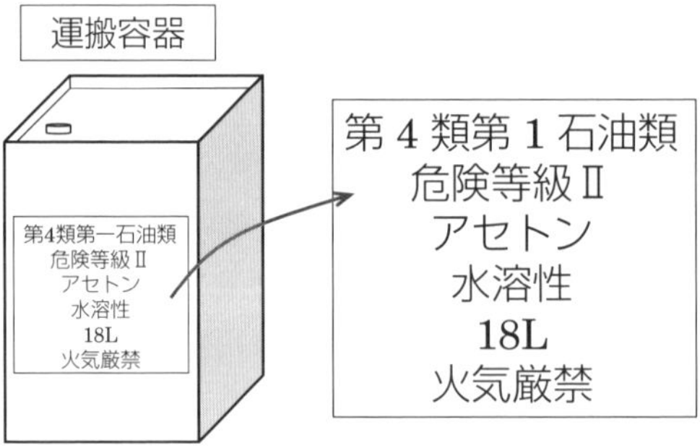

品名	危険等級
特殊引火物	危険等級　Ⅰ
第1石油類	危険等級　Ⅱ
アルコール類	
第2石油類	危険等級　Ⅲ
第3石油類	
第4石油類	
動植物油類	

危険等級

第４類の危険物の危険等級は，表のとおりです。

重要 **ガソリン**は第１石油類なので，**危険等級Ⅱ**。覚えておこう！

異なる類の積載（混載）

車両に異なる類の危険物を混載して運搬する場合，混載できる組合せが決まっています。次に示す表に示す方法で覚えるとよいでしょう。

	第１類	第２類	第３類	第４類	第５類	第６類
第１類		3	4	5	6	⑦
第２類	3		5	⑥	⑦	8
第３類	4	5		⑦	8	9
第４類	5	⑥	⑦		⑨	10
第５類	6	⑦	8	⑨		11
第６類	⑦	8	9	10	11	

◯ ◯ 混載OK

数字は縦と横の類の番号を足したもの

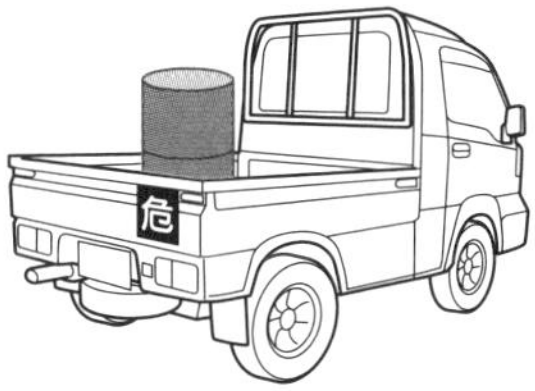

運搬

この表は，指定数量の 1/10 以下の危険物には適用しません。

重要 **簡単な覚え方**

類の番号を足すと「7」 ⇒ 混載 OK

第４類のみ，足して「７」だけでなく，**その前後の足して「6」と「9」も混載可能**（足して８は，第４類同士のことなので，混載にはならない）。

上記以外 ⇒ 混載 NG

運搬方法

指定数量以上の運搬を行う場合，**車両前後**の見やすい場所に**「危」の標識**（**30 cm 角**）を表示し，**運搬する危険物に応じた消火設備**を備えます。

重要 指定数量以上の危険物を運搬する場合，「標識の**掲示**」と「**消火設備**」を備えるが，「**危険物取扱者の乗車は不要！**」
備える消火設備は**運搬する危険物に応じたもの**。通常，第4類の危険物を運搬する場合，「**第5種の粉末消火器**」などを備える。「**第3種の消火設備を備えなければならない**」等と問われたら**誤り**。

休憩等で一時停車する場合，安全な場所を選びます。

危険物や運搬容器に著しい摩擦や衝撃が起きないようにします。運搬中に危険物が漏れるなど，災害が発生するおそれがある場合，**応急処置**を施すとともに，**消防機関**等の関係機関に**通報**しなければなりません。

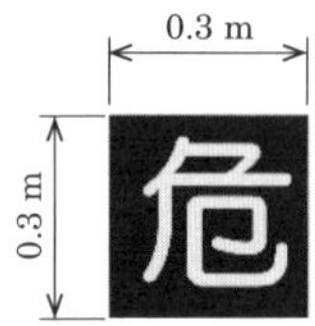

2. 移送の基準

❶ 移送する危険物を取り扱える「**危険物取扱者の乗車**」および「**免状の携帯**（**コピー不可**）」が必要です。

❷ **移送開始前に十分な点検**を行います（底弁，マンホール，注入口ふた，消火器等）。

❸ 次の条件のいずれかに該当する場合，**2名以上の運転要員**を確保します。

［1］**連続運転時間が4時間を超える**　または
［2］**1日の運転時間が9時間を超える**

❹ 移送時にタンクからの漏れなどの災害発生のおそれがある場合，**応急処置**を講じたうえで，**消防機関等に通報**します。

❺「**消防吏員《りいん》**」または「**警察官**」は移動タンク貯蔵所を停車させ，**免状の提示を求めることができます**。

❻ **自動車用消火器**（**第5種消火設備**）を**2個以上**設置します。

❼ **アルキルアルミニウム**等を移送する場合，移送の経路等を記載した書面を関係**消防機関に送付**し，**書面の写しを携帯**しなければなりません。

❽ 移動タンク貯蔵所には，次の書類の『**原本**』を備えておく必要があります。

重要　原本を備える

1. 完成検査済証
2. 定期点検記録
3. 譲渡・引渡の届出書
4. 品名・数量または指定数量の倍数の変更の届出書

これだけ！で合格ライン突破！　合格力養成スピードテスト

①	[○・×] 指定数量以上の危険物を運搬する場合，第3種の消火設備を備える必要がある。
②	[○・×] 指定数量以上の危険物を運搬する場合，危険物取扱者の乗車が必要である。
③	[○・×] 危険物を運搬する場合，容器を積み重ねてはならない。
④	[○・×] 危険物の運搬に関する技術上の基準は，運搬する数量に無関係に適用される。
⑤	[○・×] 指定数量以上の危険物を運搬する場合，事前に所轄消防署長への届出が必要。
⑥	液体危険物を運搬する場合，危険物の内容量は容器の内容積の [A] % 以下にし，かつ，温度 [B] ℃で漏れがないような空間容積を確保する必要がある。
⑦	第4類の危険物と混載できるのは第 [　] 類と第 [　] 類と第 [　] 類である。
⑧	[○・×] 危険物を移送する場合，その危険物を取り扱える危険物取扱者が乗車し，かつ免状の写しを携帯しなければならない。
⑨	連続 [A] 時間，または1日 [B] 時間を超えて移送を行う場合，2名以上の運転要員が必要である。
⑩	[○・×] 移送時に漏油等災害のおそれがある場合，応急処置を講じ，消防機関に通報する。

⑪	［○・×］移動タンク貯蔵所には完成検査済書，定期点検記録などの写しを常備する。
⑫	［○・×］消防吏員および警察官は，走行中の移動タンク貯蔵所を停車させ，免状の提示を求めることができる。

解答

①×　第3種の消火設備と定められてはいません。「運搬する危険物に対応した消火設備」を備えます。通常，第4類の運搬の場合には「第5種の小型消火器（粉末消火器）等を備えます。

②×　運搬の場合，指定数量以上であっても危険物取扱者は不要です。

③×　積み重ね高さ3m以下で重ねることが可能です。

④○　運搬の基準は，指定数量が1未満でも1以上でも適用されます。

⑤×　そのような決まりはありません。

⑥A：98（％），　B:55（℃）

⑦2，　3，　5（順不同）　第2類，第3類，第5類です。

⑧×　危険物取扱者が乗車する必要があるのは正しいですが，免状は写し（コピー）ではなく**原本を携帯**しなければなりません。

⑨A：4，　B：9　連続4時間，1日9時間です。

⑩○

⑪×　写しではなく**原本**です。

⑫○

実践問題に Challenge!

問題1 危険物の運搬について，法令上正しいものはどれか。

(1) 指定数量以上のガソリンを運搬する際は，乙種第4類危険物取扱者が乗車（運転または同乗）しなければならない。

(2) 運搬する危険物の数量にかかわらず，運搬する危険物に適した消火設備を備えなければならない。

(3) 運搬する危険物の数量にかかわらず，車両の前後の見やすい位置に定められた標識を掲げなければならない。

(4) 運搬する危険物の数量にかかわらず，法令上の危険物の運搬に関する技術上の基準の適用を受ける。

(5) 指定数量の10倍以上の危険物を運搬する場合は，所轄消防署長に事前に届け出なければならない。

解答 (4)　危険物の運搬に関しては，運搬する数量に無関係に，消防法により技術上の基準が定められています（例：運搬用の容器など）。
(4) 以外が正しくない理由は次のとおりです。(1) 運搬の場合，指定数量以上であっても危険物取扱者の乗車は不要です。(2) 指定数量以上の危険物を運搬する場合に消火設備を備える必要があります。(3) 指定数量以上の危険物を運搬する場合に掲示が必要です。(5) そのような決まりはありません。

問題2 危険物の運搬について，法令上正しいものはどれか。

(1) 危険物の運搬容器にガラス製のものは使用できない。
(2) ドラム缶や一斗缶で危険物を運搬する際，容器の転倒を防ぐため，上部にある危険物の収納口が横向きになるように積載する。
(3) 液体の危険物の場合，運搬容器の内容積の 90% の収納率で，かつ 65℃ の温度で漏れないようにすること。
(4) 指定数量未満の危険物を運搬する場合においても，運搬容器には危険物の品名など，法令で定められた表示をしなければならない。
(5) 運搬する容器を積み重ねて運搬してはいけない。

解答 (4)　指定数量の倍数に無関係に，運搬容器への表示内容は定められています。それ以外が誤っている理由は次のとおりです。
(1) ガラス製容器が使用できないわけではありません。(2) 容器の収納口を上に向けなければなりません。(3) 液体の危険物の収容率は 98% 以下で，かつ 55℃ の温度で漏れ等がないようにします。(5) 積み重ねてはいけないわけではありません（積重ね高さは 3 m 以下にします）。

問題3 法令上，第 4 類の危険物の運搬容器への表示内容に定められていないものの数は，次のうちいくつあるか。

A：危険物の品名（例：第 1 石油類）　　B：数量
C：危険物の化学名（例：アセトン）　　D：危険等級（例：危険等級 II）
E：水溶性のものは「水溶性」の表示　　F：容器の材質
G：危険物に応じた注意事項　　H：消火方法

(1) 1 つ　(2) 2 つ　(3) 3 つ　(4) 4 つ　(5) 5 つ

解答(2)　F：容器の材質，H：消火方法は，表示内容に含まれていません。それ以外はすべて表示が必要です。

問題4 法令上，第4類の危険物とそれ以外の危険物を，それぞれ指定数量の1倍ずつ混載する場合について，正しいものはどれか。

(1) 第1類の危険物とは混載できる。
(2) 第2類の危険物とは混載できない。
(3) 第3類の危険物とは混載できない。
(4) 第5類の危険物とは混載できる。
(5) 第6類の危険物とは混載できる。

解答(4)　第4類の場合，混載する危険物の類を足し合わせた際に，7だけでなく，6と9のときも混載できます。よって，第2，3，5類との混載が可能です。

問題5 移動タンク貯蔵所での危険物の移送について，誤っているものはどれか。

(1) 移送の際は，移送する危険物を取り扱える危険物取扱者が乗車していなければならない。
(2) 警察官，消防吏員は，防火上必要と認められる場合には，移動タンク貯蔵所（車両）を停止させ，乗車する危険物取扱者に対して免状の提示を求めることができる。
(3) 同じ経路で定期的に危険物を移送する場合は，移送経路を出発地および到着地を所轄する消防署に届け出なければならない。
(4) 移動タンク貯蔵所には，「完成検査済証」，「定期点検記録」，「譲渡・引渡の届出書」，「品名・数量または指定数量の倍数の変更の届出書」の原本を備え付けておかなければならない。
(5) 危険物を移送する危険物取扱者は，免状を携帯しなければならない。

解答(3)　このような場合に，経路を届け出る規定はありません。

問題6 移動タンク貯蔵所での危険物の移送について，次の記述のうち正しいものはいくつあるか。

A：連続2時間または1日8時間を超えて移送を行う場合は，2名以上の運転要員が必要。

B：移送する危険物を取り扱える危険物取扱者が乗車するとともに，当該危険物取扱者は，免状の写しを携帯しなければならない。

C：灯油の移送ができるのは，甲種または乙種第4類の危険物取扱者が乗車している場合のみである。

D：移送中に休憩する場合，所轄消防署長の承認を受けた場所で行わなければならない。

E：移動タンク貯蔵所の弁，マンホール等の点検は，移送前に毎回行う。

F：自動車用消火器（第5種消火設備）を2つ以上設置する。

(1) 1つ　(2) 2つ　(3) 3つ　(4) 4つ　(5) 5つ

解答 (2)　EとFが正しい。

それ以外が誤っている理由は次のとおりです。

A：連続4時間以上と1日9時間以上，B：免状の原本を所持しなければならない，C：丙種危険物取扱者は灯油を扱えるので，移送できる，D：特に承認は必要ない，となります。

7-3 違反への措置と命令

最重要Point!

- 「**許可の取消**」になる場合と「**使用停止**」になる場合の判別が重要
- **設備の不適合**に関わる場合は**許可の取消**（および使用停止）になる
- **取扱方法の問題**に関わる場合は**使用停止**になる（設備が不適合なわけではないので，施設の許可の取消にはなりません）。
- 危険物施設および危険物の貯蔵・取扱に関する行政命令は，**市町村長等**から当該施設の所有者等に対して行われます。

1. 違反に対する措置命令

製造所等の基準不適合や取扱の基準違反などがあった場合，**市町村長等から所有者等**に対して，次のような行政命令がなされます。

命　令	該当事項
危険物の**貯蔵・取扱基準遵守命令**	危険物の**貯蔵，取扱いの基準違反**
危険物施設の**基準適合命令**	製造所等の**位置，構造および設備の基準違反**
危険物保安統括管理者または **危険物保安監督者の解任命令**	保安統括管理者，保安監督者が消防法等に違反している。 または公共の安全に支障をきたす恐れがある
予防規程変更命令	火災予防のために必要なとき
危険物施設の**応急処置命令** **移動タンク貯蔵所**の**応急措置命令**	危険物の流出その他事故発生時に応急措置を講じていない

重要　上記の命令が，「**危険物保安監督者に対してなされる**」という問題が出る場合がありますが，正しくは「**所有者等**」です！

2. 許可の取消と使用停止命令

消防法等に適合していない場合，次の２つのケースになる場合があります。

①**使用停止**命令を受ける
②**許可の取消**または**使用停止**命令を受ける

②は，使用停止だけでなく，許可が取り消されることになります。つまり②のほうがより重い処分だといえます。どのような場合に「使用停止」になるのかの

見分け方と具体例を次の表にまとめます。

	考え方	対象となるケース
①**使用停止** (許可は取り消されない)	**人**や**動作**に関わる場合が対象	(1)貯蔵・取扱い基準遵守命令 無視 (2)危険物**保安監督**者,危険物保安**統括管理者未選任**(選任していても,その者に監督させていない) (3)上記(2)の**解任命令無視**
②許可の**取消**または**使用停止**	**設備の不適合**(可能性含む)に関わる場合が対象	(1)製造所等の無許可での変更(改造) (2)修理・改造等の命令に従わない (3)完成検査証交付前(未許可)に施設を使用 (4)保安検査,定期点検未実施(記録がない場合も同じ)

重要　**許可の取消か使用停止かの考え方**

設備は適合しているが，扱い方がNG⇒ ❶**使用停止**（取消されはしない）

設備の基準適合が証明できない場合　⇒ ❷**許可の取消**または使用停止

上の表の①以外の場合は，使用停止にもなりません。基本的には危険物取扱者個人に関わる内容の場合が多いです。次のケースを知っておきましょう。

重要　**使用停止にはならないケース**

危険物取扱者が免状の返納命令を受けた（施設ではなく個人の問題）

保安講習を受けていない（施設ではなく個人の問題）

免状を書き換えていない（施設ではなく個人の問題）

保安監督者選任の届出を怠った

譲渡の届出を怠っていた

予防規程を定めていない（いきなり使用停止にはならない）

危険物施設保安員を定めていない（そもそも選解任の届出義務がない）

これだけ！で合格ライン突破！

合格力養成スピードテスト

①	[○・×] 危険物保安監督者を定めなければならない製造所で，危険物保安監督者を定めていなかった場合，その製造所の許可が取り消される。
②	[○・×] 製造所で危険物の取扱業務に従事する危険物取扱者が保安講習を受けていなかった場合，使用停止を命ぜられる事由に該当する。
③	[○・×] 定期点検を実施していたが，その記録を保存していなかった場合，許可の取消を受ける事由に該当する。
④	[○・×] 危険物保安監督者を選任したが，市町村長等への届出を怠った場合，使用停止命令を受ける。
⑤	[○・×] 危険物保安監督者がその責務を怠っている場合，危険物取扱作業に関する保安講習の受講命令を受ける。
⑥	[○・×] 危険物施設保安員が必要な施設でそれを未選任の場合，使用停止を受ける。
⑦	[○・×] 危険物施設保安員がその責務を怠っている場合，危険物施設保安員の解任命令を受ける。

解答

①×　施設自体が不適合なのではなく，取扱方の問題なので，許可の取消にはなりません。この場合は，使用停止を受ける事由には該当します。

②×　使用停止には該当しません（危険物取扱者の個人に対する内容では，使用停止にはなりません）。

③○　定期点検記録がないのは，点検未実施と同じ扱いです。

④×　使用停止にはなりません。

⑤×　そのような命令はありません。

⑥×　そもそも施設保安員は選解任の届出義務がないので，使用停止にはなりません。

⑦×　問⑥と同じ理由で，施設保安員は解任命令は受けません。

実践問題に Challenge!

問題1 次のうち，製造所等の許可の取消事由に該当しないものはどれか。

(1) 製造所等の定期点検の記録が保存されていない。

(2) 危険物保安監督者を定めなければならない製造所等において，それを定めていない。

(3) 製造所等の完成検査前に，仮使用の承認を受けずに製造所等を使用した。

(4) 製造所等の位置，構造または設備に関する措置命令に違反した。

(5) 許可を受けずに，製造所等の位置，構造または設備を変更した。

解答 (2)　この場合，設備が消防法等に不適合であるわけではなく，取扱方法に不備があったことになる（危険物保安監督者を定めなければならない施設において，それを定めていなかった）。このように，人に係る事項の場合，施設の取消にはならない。この場合，使用停止の事由に該当する。

問題2 製造所等の許可の取消または使用停止を命ぜられる事由として，誤っているものはどれか。

(1) 屋外タンク貯蔵所の完成検査を受ける前に，その施設を使用した。

(2) 危険物の貯蔵取扱基準の遵守命令に従わないとき。

(3) 定期点検を実施する必要がある製造所等で，それを実施していないとき。

(4) 給油取扱所の危険物取扱者が，保安講習を受けていないとき。

(5) 製造所等の位置，構造を無許可で変更した。

解答 (4)　許可の取消または使用停止を命ぜられることがあるのは，「施設が消防法等に不適合」な場合です。よって，(4) は施設で作業に従事している危険物取扱者個人の問題なので，施設自体の基準不適合ではありません。

問題3 市町村長等から発せられる命令について，誤っているもののみの組合せはどれか。

A：危険物施設保安員の解任命令

B：製造所等の使用停止命令

C：危険物の貯蔵・取扱基準の遵守命令

D：予防規定の変更命令

E：危険物保安講習の受講命令

(1) A，B　(2) B，D　(3) C，D　(4) C，E　(5) A，E

解答 (5)　A と E が誤りです。

A について，そもそも危険物施設保安員の選解任時には届出をする義務がありません。よって，届出義務がない事項に対して解任命令を受けることはありません。なお，「危険物保安監督者または危険物保安統括管理者」は，市町村長等に届出の義務があるので，これらの解任命令が出される規定はあります。E について，危険物保安講習は，免状関係なので「都道府県知事」の管轄です（市町村長等から命令されることはありません）。

【本書購入特典のダウンロードにつきまして】

- 本書をご購入頂いた方々に，特典として，実際の試験とほぼ同じ出題形式の「**模擬試験（2 回分）**」と，更なる合格率アップを図る「**直前チェック！ 総まとめ**」をご用意しております。
- オーム社 Web サイトの本書紹介ページから，圧縮ファイル（zip 形式）でダウンロードください。
  https://www.ohmsha.co.jp/book/9784274230455/
- PDF のパスワードは，oudou_3045 です。
- 本ファイルは，本書をお買い求めになった方のみご利用いただけます。また，本ファイルの著作権は，本書の著作者である，飯島晃良氏に帰属します。
- 本ファイルを利用したことによる直接あるいは間接的な損害に関して，著作者およびオーム社はいっさいの責任を負いかねます。利用は利用者個人の責任において行ってください。

著者略歴

飯島晃良 (いいじま　あきら)

2004 年　日本大学大学院理工学研究科博士前期課程機械工学専攻修了
2004 年　富士重工業株式会社(現 SUBARU) スバル技術本部
2008 年　博士 (工学)
2006 年　日本大学理工学部機械工学科
2023 年　同教授
2016 年には，海外派遣研究者として米国カリフォルニア大学バークレー校を訪問.

■ **資　格**

技術士 (機械部門)，甲種危険物取扱者，乙種第 4 類危険物取扱者，他

■ **受賞歴**

・2022 年度　日本エネルギー学会　進歩賞 (学術部門) (2023)
・第 70 回　自動車技術会賞　論文賞 (2020)
・日本燃焼学会奨励賞 (2019)
・2017 年度小型エンジン技術国際会議 The Best Paper (最優秀論文賞) (2017)
・日本燃焼学会論文賞 (2016)
・第 37 回日本大学理工学部学術賞 (2014)
・2012 年度 日本エネルギー学会奨励賞
・2008 年度 日本機械学会奨励賞 (研究)
・第 58 回　自動車技術会賞　浅原賞学術奨励賞 (2008)，他

■ **著　書**

・基礎から学ぶ熱力学，オーム社 (2016)
・ポイントチェックで最速合格！　乙 4 類危険物試験，オーム社 (2016)
・らくらく突破 2023 年版技術士第一次試験 [基礎科目・適性科目] 過去問マスター解説集，技術評論社 (2023)
・基礎から学ぶ内燃機関，森北出版 (2022)
・はじめてでもよくわかる！ 図面の描き方，成美堂出版 (2021)
・らくらく突破 甲種危険物取扱者 合格テキスト+問題集 (第2版)，技術評論社 (2022)
・基礎から学ぶ高効率エンジンの理論と実際，グランプリ出版 (2018)

■ **その他**

数々の人気受験対策講座の講師として活躍中.
『ポイントチェックで最速合格！ 乙 4 類危険物試験』 などの書籍テキストにした受験対策講座に興味のある方は，下記リンクまで！

- カバー・本文イラスト：原山みりん（せいちんデザイン）

7日間で集中学習！
乙種4類危険物取扱者　王道問題集

2023年5月15日　　第1版第1刷発行

著　　者　飯島晃良
発 行 者　村上和夫
発 行 所　株式会社 オーム社
　　　　　郵便番号　101-8460
　　　　　東京都千代田区神田錦町3-1
　　　　　電話　03(3233)0641(代表)
　　　　　URL　https://www.ohmsha.co.jp/

組版　ホリエテクニカル　　印刷・製本　壮光舎印刷
ISBN978-4-274-23045-5　Printed in Japan